数字印刷全方位

田建伟　孙　强　编著

知识产权出版社
全国百佳图书出版单位
——北京——

图书在版编目（CIP）数据

数字印刷全方位 / 田建伟，孙强编著 . —北京：知识产权出版社，2020.11

ISBN 978–7–5130–7141–3

Ⅰ . ①数… Ⅱ . ①田… ②孙… Ⅲ . ①数字印刷 Ⅳ . ① TS805.4

中国版本图书馆 CIP 数据核字（2020）第 160632 号

内容提要

本书全方位详细地介绍了数字印刷的背景渊源、定义特征、发展历程、现状及存在的问题。阐述了数字印刷整个生产线以及各个生产环节种类繁多的生产设备，还有关于数字印刷的发展趋势、与法律相关的一些问题解答等，希望为相关研究者提供一些参考。

责任编辑：于晓菲　李　娟　　　　**责任印制**：孙婷婷

数字印刷全方位
SHUZI YINSHUA QUANFANGWEI

田建伟　孙　强　编著

出版发行：**知识产权出版社** 有限责任公司	网　　址：http : //www.ipph.cn
电　　话：010–82004826	http : //www.laichushu.com
社　　址：北京市海淀区气象路 50 号院	邮　　编：100081
责编电话：010–82000860 转 8363	责编邮箱：laichushu@cnipr.com
发行电话：010–82000860 转 8101	发行传真：010–82000893
印　　刷：北京中献拓方科技发展有限公司	经　　销：各大网上书店、新华书店及相关专业书店
开　　本：787×1092mm　1/16	印　　张：14
版　　次：2020 年 11 月第 1 版	印　　次：2020 年 11 月第 1 次印刷
字　　数：150 千字	定　　价：78.00 元

ISBN 978–7–5130–7141–3

目录

第一章 数字印刷背景

1.1 数字印刷出现的背景

技术的发展总是随着社会的需要而生的，数字印刷的出现亦然。数字印刷技术是以电子文本为载体，通过网络传递给数字印刷设备，实现直接印刷，是在打印技术基础上发展起来的一种综合技术。数字印刷设备技术在不断提高，印刷品质愈发接近传统印刷，印刷成本逐渐降低，小批量产品完全可以通过数字印刷手段完成。现在，数字印刷已经能够做到替代部分传统印刷。随着社会发展节奏的加快，越来越多的人更加注重时效，希望能够尽早地得到自己的印制品，同时随着个性化的需求增加，单品的印制数量在减少，数字印刷这种制作速度快、时间成本低的印刷技术，除了传统纸张以外，其承印物已渗透到多种领域，并为广大百姓所接受，应用前景极其广泛。

1.2　数字印刷发展的渊源

众所周知，早期数字印刷设备是由复印机静电及激光技术逐渐发展而成的。在这里我们有必要提一下施乐（Xerox）公司。在英文中，xerox 就是静电的意思，早在 1947 年施乐公司就获得了静电成像技术专利，并注册了 Xerox 商标，于 1949 年推出了全球第一台复印机。但当时复印一张纸的工序极为烦琐，制作过程相当复杂，得需要几分的时间。直到 1970 年，施乐公司这项技术的专利到期后，其他公司基于静电激光研发的技术才开始有了长足发展。IBM、西门子（SIEMENS）、佳能（Canon）、惠普（HP）相继研发出黑白和彩色复印机，但是那时的设备速度很慢，效率不高，特别是彩色复印机每分只能完成一两张，且复印质量不高。

1976 年压电式控制喷墨技术问世，西门子的三位研究者佐尔坦（Zoltan）、凯泽（Kyser）和西尔（Sear）（爱普生技术前身）利用这一技术成功研发出全球第一台喷墨打印机。20 世纪 80 年代初，惠普和佳能公司同时宣称开发了热发泡喷墨打印技术。西门子利用发光二级管（LED）技术推出了彩色打印机，施乐公司推出了 Docutech 高速黑白打印机，1993 年比利时赛康公司利用静电技术实现连续纸彩色数码印刷，班尼·兰达发明的电子液体油墨技术在 Indigo（一家以色列公司）上形成的最接近传统印刷效果的产品在 IPEX（英国伯明翰国际印刷技术展览会）印刷展上引起极大轰动，这代表着当时的最新技术。

20 世纪 90 年代中期，荷兰奥西（océ）公司将 Copy press 技术应用于数字印刷设备，形成了至今仍在使用的 TTF 转印＋低温定影，独特且稳定的系列产品，树立了良好口碑。1997 年，全球印刷巨头海德堡公司与美国影像产品著名企业柯达（Kodak）合作，推出了冠名海德堡、利用各自优势研发的黑白数字印刷设备面世，引起关注，特别是 9110 系列产品更是红极一时。柯达公司彩色设备产品 Nexpress Solutions 也在 2001 年推出，其打印品质至今口碑尚存。遗憾的是，海德堡在 2004 年宣布退出数字印刷市场，相关业务又移交回柯达公司。

进入 21 世纪后，随着打印技术的不断提高，数字印刷行业研发公司设备也开始了洗牌重组。2003 年，柯尼卡（KONICA）和美能达（MINOLTA）经营合并成立了控股公司即"柯尼卡美能达控股株式会社"，并于 2005 年在上海成立了柯尼卡美能达系统（中国）有限公司。2002 年美国惠普公司董事长兼 CEO 卡丽·奥莉娜（Carly Fiorina）主持收购了以色列 Indigo 公司形成了 HP Indigo 系列产品。由于电子液体油墨不符合环保要求，因此该产品被迫放弃了设在写字楼中的办公场所，但在规模化印刷企业中其印刷的彩色产品被公认为最接近传统印刷，产品品质口碑傲人。与此同时日本佳能公司收购荷兰奥西（Ocè）公司，将著名的柯式印刷技术一并归入麾下。IBM 公司依仗多年在银行保险业数据及信息管理的优势，与理光（Ricoh）公司合资，成立 InfoPrint Solutions 公司，主打 InfoPrint 系列产品，直接客户为银行保险业客户账单，国外也有 POD 应用。

1.3　数字印刷综述

先看一组数字。以下是近 10 年的彩色数字印刷设备装机量数据，数据统计了 2009—2018 年数字印刷主要生产型印刷机的装机量（见表 1-1）。

表 1-1　2009—2018 年数字印刷主要生产型印刷机的装机量

单张纸彩色高端激光印刷机

装机总量（套）	截至2009年8月	截至2010年8月	截至2011年8月	截至2012年8月	截至2013年8月	截至2014年8月	截至2015年8月	截至2016年8月	截至2017年8月	截至2018年8月	截至2019年8月
	354	455	644	887	1195	1433	1632	1825	2096	2351	2576

年增长量（套）	截至2008年8月—截至2009年7月	截至2009年8月—截至2010年7月	截至2010年8月—截至2011年7月	截至2011年8月—截至2012年7月	截至2012年8月—截至2013年7月	截至2013年8月—截至2014年7月	截至2014年8月—截至2015年7月	截至2015年8月—截至2016年7月	截至2016年8月—截至2017年7月	截至2017年8月—截至2018年7月	截至2018年8月—截至2019年7月
	84	101	189	243	308	238	199	193	271	255	225

单张纸生产型彩色激光印刷机

装机总量（套）	截至2009年8月	截至2010年8月	截至2011年8月	截至2012年8月	截至2013年8月	截至2014年8月	截至2015年8月	截至2016年8月	截至2017年8月	截至2018年8月	截至2019年8月
	990	1305	2856	2345	3214	4036	5377	6546	7432	8438	9452

年增长量（套）	截至2008年8月—截至2009年7月	截至2009年8月—截至2010年7月	截至2010年8月—截至2011年7月	截至2011年8月—截至2012年7月	截至2012年8月—截至2013年7月	截至2013年8月—截至2014年7月	截至2014年8月—截至2015年7月	截至2015年8月—截至2016年7月	截至2016年8月—截至2017年7月	截至2017年8月—截至2018年7月	截至2018年8月—截至2019年7月
	346	315	551	489	869	822	1341	1169	886	1006	1014

续表

连续纸高端彩色印刷机

	截至2009年	截至2010年	截至2011年	截至2012年	截至2013年	截至2014年	截至2015年	截至2016年	截至2017年	截至2018年	截至2019年
装机总量（套）	21	24	37	46	69	95	128	160	197	240	290
	2008年8月—2009年7月	2009年8月—2010年7月	2010年8月—2011年7月	2011年8月—2012年7月	2012年8月—2013年7月	2013年8月—2014年7月	2014年8月—2015年7月	2015年8月—2016年7月	2016年8月—2017年7月	2017年8月—2018年7月	2018年8月—2019年7月
年增长量（套）	11	3	13	9	22	23	33	32	37	43	50

数据来源：中国印刷协会数字印刷分会（"数字印刷在中国"数字印刷机装机量调查报告）。

　　就目前以纸张为载体的数字印刷行业来看，可以将印刷设备分为两个主流方向：一个是以激光成像为原理的，大多数以平张纸为承印物的设备，这些设备无论黑白单色还是彩色，其打印技术均已相当成熟，新产品研发进步空间有限，目前主要承担微量图书或个性化定制产品的印刷，其特点是可以实现一册起印，适合馆藏补缺，个性化需求和定制，包括画册、影集，微量图书印刷，产品质量稳定，具有较大灵活性。另外一个方向为喷墨技术设备。喷墨技术应用广泛设备可大可小，墨水可以有多种选择，可以是颜料墨水也可以是染料墨水，还可以是 UV 墨水，既可以打印高品质照片，也可以利用连续纸设备生产图书。目前最快的数字印刷设备均采用喷墨技术。喷墨技术应用广泛，既可以制作桌面小型设备，也可以制作大型连续纸，大幅面单张纸产品，其技术发展空间极为广阔。其印刷承载物可以是平面，也可以是曲面，既可以是各种纸张，也可以是玻璃、陶瓷、金属、木制品等，应用极其广泛。

　　数字印刷在文化建设中起到重要作用，同时区别于传统印刷，数字印刷对生态文明破坏极为微小，是符合社会发展规律的产物，年装机量的增长也说明了数字印刷的需求在与日俱增。

第二章　数字印刷概况

2.1　数字印刷定义

数字印刷是利用印前系统将数字化的图文信息直接通过网络或介质传输到数字印刷设备，并通过印刷设备将数字化的图文信息直接记录到承印材料上的一种新型印刷技术。通常来讲，为了印刷产品所见即所得，印刷机上得到的信息是转曲后的信息、矢量化的图形。

2.2　数字印刷的特征

（1）产品生产链短，节省印制时间，数据流始终贯穿生产过程。

（2）起印量没有要求，可以实现可变印刷，包括数据可变，副本尺寸可变，后期工艺可变。

（3）绿色环保，生产过程可以实现污染物零排放。

2.3　国内图书数字印刷的发展历程

在国内起步较早的数字印刷单位是知识产权出版社（原专利文献出版社）。1985 年，这家出版社即拥有一家由西德（联邦德国）援建的全新印刷厂，包括蒙纳、大仓激光照排机，电子照相机，海德堡 GTO 四色印刷机，TOK 单色印刷机，马天尼装订等先进印装设备，用于中国专利文献印刷。随着时间的推移，我国专利申请量不断增长，伴随电子载体的出现和国内互联网接入，新的信息载体如光盘、硬盘逐步替代了纸质载体，纸质专利文献存储问题也愈发凸显，印刷需求也越来越少。1992 年，知识产权出版社从我国香港兰克施乐购买了国内第一台、也是当时全球最先进的高速激光生产型印装一体机，用于印刷中国专利说明书，其速度达到 135 张 / 分。几年后率先引进了 Xerox Docutech 6135 数字印刷机，用于中国专利文献按需出版，开启了中国数字印刷规模化生产的先河。但国内形成规模化产业化也是近 10 年的事情，真正形成和传统印刷角力，是在近 5 年。这与互联网的发展、产业升级、市场需求、国家政策等诸多方面因素是分不开的。

传统印刷的生产制作流程业内都十分清楚，通常具有批量印刷品才能具有一定的价格竞争优势，相对周期也长，对于快节奏、个性化需求越来越多的今天，传统印刷已经逐渐不能满足客户的需求。随着技术的进步，尽管也出现了一些无须晒版就可以上机的传统印刷机，但是传统油墨的环保问题仍旧困扰着生产厂家，传统印刷所带来的 VOCs 排放问题成了各大传统印刷企业的难题，以北京为例，诸多传统印刷厂迁址到天津、河北，更甚者，迁到了河南、山东一带，留在京界以内的印刷厂都投入了巨额环保改造费用。这就给绿色环保的数字印刷带来了良好的契机。

数字印刷应用广泛，从大学门口的快印店到证券公司楼下的大型快印工厂，从马克杯、纪念品到文创产品定制店，再到专业服务出版社的数字印刷公司。无论从规模还是业务范围分布都很广，最重要的原因就是，可以提供实时的、个性化的服务，如果把传统印刷厂比作火车的话，那么快印店就是出租车。火车可以带很多人去更远的地方，价格便宜，但是要有一定量的乘客，目的地单一。而出租车想去哪里就去哪里，享受定制服务，但价格偏高。这就不难理解，数字印刷的出现，是因为有很庞大的客户群，之所以有这么大的客户群，就是因为其自身的重要特点：个性化定制，按需印刷。按照客户的需求，实现个性化的印刷，在书刊出版方面尤为重要，在探讨书刊出版之前，分享一个离这个行业有点远的数字印刷应用的故事。

湖南一家酒厂需要到包装印刷厂做包装盒。每年各种酒的销量不尽相同，无法准确把握下一年度酒的排产情况，同时全国各地价格参差不齐，销售无序，虽然酒厂对酒的销售实行了区域限制，各省的总代理只能在本省销售，但因为各省对酒的喜好不同，同样的酒在各省受欢迎的程度不一样，所以仍然有串货现象发生。因此对包装盒的需求不能很好地把握。该酒厂通过接触数字印刷企业并提出需求之后，数字印刷企业为该酒厂设计了一套服务方案：

在预印的包装盒上印刷可变二维码，这个方式很多领域都在用，也不算新鲜事物。对于酒厂而言，每个盒子成本提高几分钱，对于印厂而言，成本几乎没有增加，二维码的喷墨量很小，所以印厂很乐意做。二维码录入管理系统，客户扫码可以得到5分至1元不等的红包，但是要填写性别、年龄、地点及喜好的酒香型这4项，都是直接选择的，不耗费时间。这样酒厂就收集了很多数据进行分析，酒有没有串货，哪个地方，哪个年龄段的人喜好什么酒，都能有个大致的统计，这样在日后生产和区域分配的时候，就可以因人因地制宜，调配不同口味和数量给这个地区，同时避免了盲目生产和发货。这是数字印刷最简单最常见的应用。

对于印刷需求大户——出版社而言，数字印刷的意义更加重大。随着大宗商品原材料价格的上涨，纸张原材料的价格从2016年下半年开始火箭式飞涨，到2018年增长了近50%，2019年上半年依旧在高位徘徊，价格有继续上涨的趋势，对于传统印刷厂而言，基本无关痛痒，因为以目前较为常见的出版社—印刷厂合作模式，由出版社进行纸张采购，传统厂进行印刷，传统厂只需关注场地租金和人员成本即可。但是对于出版社而言，纸质书面临着占市场份额越来越大的电子书的压力，同时原材料价格的增长及库房租赁费用的飞涨，使得每年报废的书籍码洋吃掉了出版社很大一块效益。因此"图书去库存"的需求便应运而生了。

最早由知识产权出版社提出了"图书零库存"概念并加以实施，其在北京经济技术开发区的数字印刷基地率先试行并取得了很好的效果，出版社为客户提供了文件代码化、智能编校排、多渠道发行（数字书和纸质书）的全产业链模式。编辑得到客户订单后，可直接通过出版中心下单，由数字印刷中心进行按需印刷并配送。现在零库存的概念进一步被人们所接受并发展为虚拟库存(可用库存)的概念，即通过对书籍销量的预估，在一个虚拟的库房中虚拟出一个库存，这个数量是基于数字印刷企业 24 小时可以成书的数量进行制定。可以让编辑不再操心库存积压或不足，客户也无须担心买不到书。既节省了仓储费用，又节约了纸张，同时减少了对环境的污染和破坏。

2.4 数字印刷的版权保护

国际上应用较早且产业化的企业是大家最为熟知的英格拉姆（Ingram）内容集团旗下的 Lighting Source 资源公司，其与亚马逊合作进行个性化的书刊印刷，按照订单量生产。拥有多条连线生产设备，每个生产线对应一种规格纸张，然而要想真正把这样的生产线搬到国内，则充满艰辛。技术上不存在问题，现在国内的数字印刷机基本是进口国外产品或利用国外核心部件，如激光组件或者喷墨打印头，其他零部件进行国产化，已形成自主品牌设备，主要问题在于版权保护方式。

国外尤其日、美等国在纸质图书出版时，可以由客户直接联系印厂印刷成书。而国内出版书籍必须经过出版社，并且报文化主管部门备案后才能印刷。故书籍的利润分成中，客户、出版社、印刷厂各有一定比例的分成，如果客户绕过出版社，直接将文件发给印刷厂进行印刷，则属于违法盗版，同时侵害了出版社的权益，这也是数字印刷的一个难题。既需要印刷的相关备案手续，又要满足客户即需即印的需求，流程上讲每次印刷都需要申请最新的委印单，确定印量。这样一来时间上就很难把控，可能出现印刷文件已经到达委印单没有到，不能印刷的现象，从而降低了数字印刷的优势。因此，这方面需要相关主管部门制定更加完善的法规以便于数字印刷的发展。

另外就是印刷文件的保管。大众知识产权保护意识在逐渐提高，对版权的保护尤为重视，北京中献拓方科技发展有限公司是国家数字复合出版系统的试用单位。这套由北大方正电子科技有限公司研发的复合出版系统，采用主流的文件碎片化保存方式，有效解决了这些问题。因为将印刷文件直接通过 JDF 信息发送到印刷机的方法并不方便，有些文件体积较大、占用较多网络带宽，影响生产效率。碎片化更加合理一些，具体方法是将文件拆成不同的碎片，生成一个秘钥，印厂平时保存文件的 90% 以下部分并处于加密状态，出版社每次印刷时发送文件的另一部分，通过秘钥解开即可上机。但是无论何种方式，数字格式的文件外流无法 100% 避免，更多的是要为大众普及知识产权的知识和法律法规，重视和自觉地保护他人的作品，保护著作权。

第三章 数字印刷现状

3.1 数字印刷服务对象

简而言之，传统印刷的服务对象，数字印刷都能涵盖，除此之外，数字印刷的服务对象更广泛。

除了常见的图书、海报类传统印刷可以承接的业务之外，数字印刷还可以提供可变数据印刷，这是市场服务的核心，结合数据库，组成溯源系统，大数据分析等应用，可以实现对客户需求的精准定位。另外，户外广告、个性化台历、日历、一次性纸杯、烫印体恤衫等深入到生活的方方面面的商品，更能以较低的成本、较短的时间生产出来，满足客户需求。

3.2　数字印刷对比传统印刷所具有的优势

3.2.1　适应性强

数字印刷技术无须菲林，印刷机直接提供打样，省去了传统的印版，简化了制版工艺。并且省去了装版定位、水墨平衡等一系列的传统印刷工艺流程，在工作流程和印后系统的搭载之下适用性更强。

3.2.2　应用面广

应用面广是数字印刷技术顺利占领市场的关键因素，数字印刷可处理多种承印材料，从商业印刷发展历程来看，高附加值、短版快捷等特点都为企业创造了高利润，当传统印刷需求开始呈现逐渐下滑态势时，数字印刷需求却稳步递增。

3.2.3　快捷高效

与商业印刷企业拥有各行各业客户不同，在全球经济大环境的影响下，企业不得不努力降低供应链的成本；并且目前市场对个性化印刷兴趣非常浓厚，这就要求企业必须能够实现活件的快速切换。数字印刷可实现快速出货，也能就近选择印刷店进行加工。

3.2.4　用于防伪及产品推广

数字印刷可以提供难以复制的品牌保护功能，从而帮助达到防伪的目的，为确保品牌产品的质量和价值，有必要防止假冒造成损失。在网购时，消费者越来越希望自己购买的品牌产品是真品，特别是高附加值的产品。同时印刷可变数据（二维码），在验证产品真伪的同时还可进行产品反馈、客户信息维护，更可以采用多种印刷防伪工艺。

3.2.5　便于储存、追溯

数字印刷系统的可变数据印刷，如二维码，使用常见软件即可读取这些信息，还可以提升整个供应链的效率。使用智能手机，可以在任何时候对产品的供应链进行追溯。印刷这种可变数据的成本远远低于竞争技术（如 RFID 标签）。

这些信息，还可以提升供应链整个效率。使用智能手机，可以在供应链的任何时候进行产品追溯，而不需要专门的设备或培训。

从出版领域来看，数字印刷可以实现内容效益最大化：有利于传统图书出版单位商业模式的转变，或多或少解决了图书出版行业存在的痼疾：库存、退货风险、货款结算等问题。数码印刷技术还解决了偏远地区报刊发行的时效性问题。

采用数字印刷可以有效降低出版成本，增加销售利润：对于出版社，这代表简捷、低投入和无风险。对于著作权人，这彻底打破图书"最低印数"的限制，并可令图书永不脱销、断版，让更多的读者了解并获得所需图书。

数字印刷可以满足客户个性化的需求：随着信息越来越流通，图书出版的个性化需求明显增加，例如：同样内容不同版本的图书、根据特定需要汇编的图书；经常需要改版的、小批量印刷的图书。

有利于书报刊出版物的增值及个人内容产业的兴起：可以较低成本实现个人出书的愿望，国内大量已经出现了按需出版的个人游记、传记、论文、博客书、照片书等，足以证明这一点。

3.3 数字印刷设备

3.3.1 数字印刷设备常见种类

3.3.1.1 按设备产能分

（1）桌面型数字印刷设备（适用于家庭及小型办公应用）（见图 3-1）。

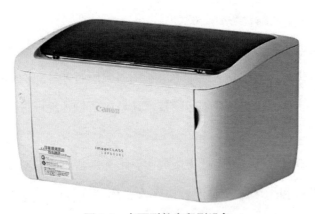

图 3-1 桌面型数字印刷设备

（2）办公型数字印刷设备（一般中大型办公室、集中办公区使用，小型快印店）也可使用（见图3-2）。

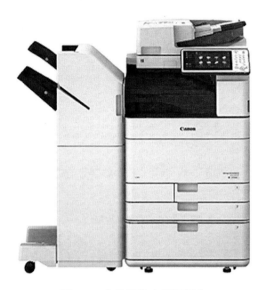

图 3-2　办公型数字印刷设备

（3）商用小型数字印刷机（快印连锁企业、小型数字印刷企业）（见图3-3）。

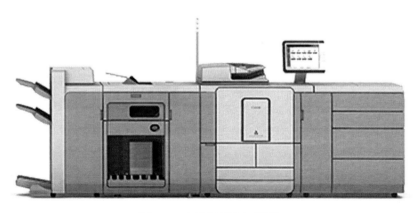

图 3-3　商用小型数字印刷机

（4）商用生产型数字印刷机（大型数字印刷企业）（见图3-4）。

图 3-4　商用生产型数字印刷机

3.3.1.2　按照数字印刷设备用途分类

（1）文字表格类单黑印刷（见图3-5）。

图 3-5　文字表格类单墨印刷

（2）照片图册等彩色印刷（见图3-6）。

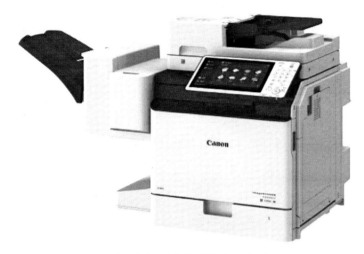

图3-6　照片图形类彩色印刷

（3）晒图喷绘类大幅印刷（见图3-7）。

图3-7　晒图喷绘类大幅印刷

（4）三维打印类建模印刷（见图 3-8）。

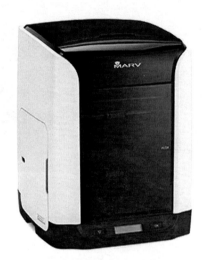

图 3-8　三维打印类建模印刷

（5）文化用品票据等个性化印刷（见图 3-9）。

（a）热敏票据打印机

（b）针式色带打印机

图 3-9　票据类印刷

（6）其他产品印刷（见图 3-10）。

图 3-10　其他产品印刷

3.3.1.3 按打印耗材介质成像原理分类

（1）碳粉高温定影（热定影，多用于平张激光印刷机）。

（2）碳粉低温定影（冷定影，多用于卷筒激光印刷机）。

（3）墨水高温定影（高温烘干，多用于桌面型到生产型喷墨印刷机）。

（4）墨水低温定影（采用 UV 定影，电子墨水介质的数字印刷机）。

3.3.2 数字印刷及印后设备介绍

数字印刷行业所应用的设备发展迅速，每年均有新款产品推出，基本是从打印幅面、打印速度、打印质量三方面进行升级，因数字印刷设备涉及范围广泛，本书以商业印刷为切入点，简单介绍目前市场上数字印刷行业主要使用的设备。

每届德国德鲁巴国际印刷展览会，都会展出融合了业界最前沿科技的印刷及印后生产设备。德鲁巴印刷设备展是全球最大的印刷展览会，由德国杜塞尔多夫（Düsseldorf）展览集团主办，杜塞尔多夫是一座安静而现代化的城市，位于德国鲁尔（Ruhr）工业区的中心，有鲁尔区的"办公桌"之称，2020 年杜塞尔多夫印刷展览会的主题是：Embrace The Future（拥抱未来），受新型冠状病毒肺炎疫情影响，展览会暂时延期。

3.3.2.1 佳能（Canon）数字印刷机

佳能（Canon）公司展出的设备类型很多，包括大幅面打印及户外彩喷系统。单张纸的黑白印刷机展机为奥西（Océ）VarioPrint 6000 Ultra+，平张纸彩色印刷机主要是 imagePRESS C10000VP 型，从打印样张上来看，打印质量较高，纸张尺寸为 330dpi×7620dpi。基本配置 100 万元起，价格比较适中，是比较理想的小型印刷企业机型或大型印刷企业的备用机型。其连续纸彩色喷墨设备，样机有 2 个型号：奥西（Océ）ColorStream 3000 和奥西（Océ）ImageStream 6000。6000 为新上市机型，打印质量略有提升。

（1）奥西（Océ）VarioPrint 6000 系列。

①产品特点。

奥西（Océ）VarioPrint 6000 系列，高速、高生产力的数字印刷系列产品，应用奥西（Océ）Gemini 双子星即时双面印技术，为客户提供更具成本效益的解决方案以应对高需求的变量打印，奥西（Océ）Gemini technology 双子星技术，使用的是一个引擎来同时驱动两组转印带，一次通过将印品同时压印在纸张的两面。因此，双面打印作业速度更快、稳定性更高。奥西（Océ）VarioPrint 6330 属于高速的数字双面打印机。利用奥西（Océ）VarioPrint 6000 Titan，可以为客户提供市场上较快的作业周转时间，胶印的品质和精准的正背套准。奥西（Océ）VarioPrint 6000 高容量打印机是市场上速度更快，更具有生产力的双面单页纸打印系统。较快的速度和较高的可靠性及专业的打印，可以处理更多作业并且速度更快，帮助客户进入更高利润的市场，比如数字出版市场、扩展服务。在严格控制成本的情况下，实现更高的收入。所有这些都是在帮助客户降低成本，减少对环境的影响。奥西（Océ）VarioPrint 6000 有多种速度、输入和输出配置可选，以应对非常宽泛的需求。整合的 DFD 接口确保将来扩展这些配置，包括连接第三方完成装订设备，支持无线胶装、封面装订、折叠及其他印后工序。

②奥西（Océ）柯式印刷技术。

独特的奥西（Océ）柯式印刷技术在较低的定影温度环境下，将图像压印在纸张纤维中（见图3-11）。如此独特的技术带来的是一致的、近胶印效果的高打印品质，几乎没有任何碳粉的浪费。更短的纸路避免了卡纸现象的出现。奥西（Océ）生产型设备（见图3-12、表3-1）配置的空气分离和真空进纸系统，确保更高的生产力和更长的设备正常运转时间。拥有独特奥西（Océ）柯式印刷技术的产品没有市场上传统黑白打印机结构中的载体部分，减少了故障率，并且几乎没有碳粉的浪费。同时，更低的臭氧排放有利于保护环境。

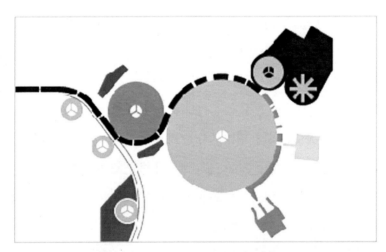

图3-11 奥西（Océ）柯氏印刷技术原理

图 3-12 采用柯氏印刷技术的奥西印刷机

表 3-1 奥西（Océ）印刷机技术规格

技术	
打印机类型	LED
	600 dpi × 1200 dpi
	打印头 180 lpi
打印机技术	Océ Gemini Instant Duple × 奥西双子星即时双面印技术
打印速度	
打印速度	Océ VarioPrint 6330 Titan：
	A4：328 印
	A3：171 印
	Océ VarioPrint 6330 Titan：1000000~10000000 印（A4）
	直观的 15 英寸触摸屏用户界面

（2）佳能（Canon）imagePRESS。

佳能（Canon）imagePRESS C10000VP/C8000VP 能实现 100 页 / 分的速度，2400dpi × 2400dpi 的有效输出分辨率，精准的双面对位，可靠的色彩稳定性，实现足以媲美胶印的印刷质量。新型 CV 墨粉，配合改进的双定影组件将在不同类型的介质上实现稳定的高产能，即便使用混合介质输出，也能实现更高的产能。设备整体的设计思路是满足 A4 每月最高 150 万产能的生产环境需求。介质适用范围为 60~350 克的质量，铜版纸、普通纸、重磅纸、纹理纸、纸卡，以及一些表面纹路比较深的纸张都能实现很好的输出质量。主定影采用新颖的空气分离刀，薄纸支持性有了明显的提升。设备维护更加简单，零件、耗材更换更加简便，大大简化了操作员维护设备的时间，从而获得更长的有效生产时间，增加设备生产能力。两款服务器 EFI B4000 和 PRISMAsync，都能提供先进的色彩管理和工作流程，通常使用 EFI 的打印机更多一些，也便于员工上手操作（见图 3-13、表 3-2）。

图 3-13　佳能（Canon）imagePRESS C10000VP/C8000VP 印刷机

表 3-2　佳能（Canon）imagePRESS C10000VP/C8000VP 技术参数

输出速度（黑白 / 彩色）	C10000VP：100 ppm/A4，57 ppm/A3，54 ppm/SRA3
	C8000VP：80 ppm/A4，44 ppm/A3，41 ppm/SRA3
最高月印量（A4）	imagePRESS C10000VP：最高 150 万 A4
	imagePRESS C8000VP：最高 120 万 A4
双面套准精度	正反对位：0.5 mm 或更低
输出方式	彩色激光成像输出

输出精度	2400 dpi × 2400 dpi
供纸容量	标配：
	2 × 1000 张 机身纸盒（80 g/m^2）
	选购：
	1 × 4000 张侧纸舱（A4/A3/SRA3）
	1 × 4000 张（2 × 1000 + 2000 张）POD 纸舱（A4/A3/SRA3））
	1 × 1 张长纸托盘
最大供纸容量	6000 张（A4/A3）
最大收纸容量	17400 张（A4 80 g/m^2）
支持的纸张类型	机身纸盒：
	薄纸，普通纸，重磅纸，标签纸，透明胶片
	长纸托盘：
	薄纸，普通纸，重磅纸，再生纸，彩色纸，铜版纸，纹理，信纸
支持的介质尺寸	机身 1、2 号纸盒：
	标准尺寸：A4，A4R，A3，SRA3，（330 mm × 483 mm）
	自定义尺寸：182 mm × 182 mm ~ 330.2 mm × 487.7mm
	长纸供纸托盘：
	自定义尺寸：210 mm × 487.8 mm 至 330.2 mm × 762 mm
支持的纸张克重	机身纸盒：60 ~ 350 g/m^2
	长纸托盘：64 ~ 256 g/m^2
	选购纸盒：60 ~ 350 g/m^2
	自动双面：60 ~ 350 g/m^2
触控屏（EFI）	竖屏控制器 26.4cmTFT SVGA LED 背光彩色触控屏
触控 PRISMAsync	触控屏 -A4：15 英寸触控

（3）奥西（Océ）ColorStream 6000 系列产品。

奥西（Océ）ColorStream 6000 系列产品（见图 3-14、表 3-3）可靠而又适合数码印刷系统用于高效的单色及全彩的应用生产，并建立在 ColorStream 技术的基础之上。作为高性能连续纸数字印刷系统，具有高效率、高品质、更好的灵活性，具有广泛的应用范围，如可变数据、账单广告、直邮或书刊和手册等印刷。奥西（Océ）ColorStream® 系列产品输出速度为 127 米 / 分，成像范围宽度约为 540mm（21.25 英寸），可作为单机使用，每分输出 505 页 A4 单面，可以配置 1~6 个色组并适用常规、高级、特殊或安全墨水，如 MICR、UV 可视墨水或易变墨水。或是升级至全新高速 150 米 / 分的单色模式。该系统可选择第二个机组，实现双面每分输出 1010/1070 页 A4 纸。

ColorStream 6000 系列产品的核心是奥西（Océ）DigiDot 技术。配置坚实可靠的打印头，ColorStream 6000 使用的是专利的双子星加网技术来达到 1200dpi 的等效分辨率，生动的细节及平滑的半色调，并节省墨水使用。但是 DigiDot 技术并未停滞不前，先进的打印头校色惯例，独特的佳能（Canon）PreFire 数码打印头维护技术及 Océ 墨水节省都在不断创新升级。

该双机系统可设置为 I 型、L 型或 H 型机器布局摆放。由于采用 Océ DigiDot® 专利技术，分辨率为 600×600dpi，实现更高的输出质量。奥西（Océ）DigiDot 技术，奥西（Océ）ColorStream® 系列产品采用了已被证明为行业一流的 JetStream® 系列产品里的组件。成像技术核心是采用奥西（Océ）DigiDot 压电式按需喷墨技术，该技术采用行业中快速、可靠的打印头，通过改变墨滴大小和多级网点调制，可取得较好的图像质量和平滑细腻的过渡色调。打印头的长寿命，在同行业中表现出色，设计中充分考虑了打印头清洁和维护过程中的易用性，奥西（Océ）ColorStream® 系列产品使用新高品质的颜料墨水，在 $60{\sim}160\mathrm{g/m}^2$ 的普通和特殊纸张上输出清晰的细节和平滑的半色调，而且用墨量低，浪费小。奥西（Océ）ColorStream® 系列产品可采用单面和双面配置。单引擎是一种单面解决方案，旨在帮助客户处理目前不需要双面输出的预印表格或类似应用，可随时将奥西（Océ）ColorStream® 系列产品升级为双机配置，以满足双面输出的需要。绝大部分数字文件，尤其在直邮印刷环境中，仍然是单色输出。不过，客户需求明显地正朝着全彩和多色的趋势发展。对于目前尚没有足够彩印业务但又希望能够应对未来彩印业务需求的印刷服务商，奥西（Océ）ColorStream® 系列产品提供一种入门级单色配置，当需要时，能轻松地做现场升级成为全彩印刷。此外，可利用附加的第 5 色和第 6 色，通过特种墨水，如磁性墨水（MICR），以增加额外的应用价值。

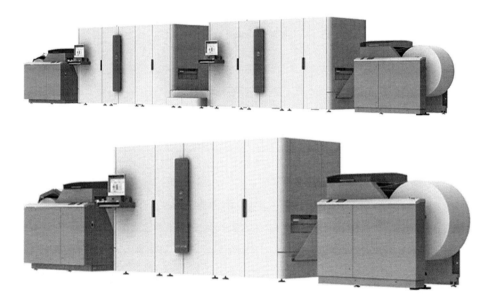

图 3-14 奥西（Océ）ColorStream 6000 系列喷墨印刷机

表 3-3　奥西（Océ）Color Stream 6000 系列产品技术规格

型号	ColorStream® 6200	ColorStream® 6500	ColorStream® 6700	ColorStream® 6900
技术				
打印头	Océ DigiDot 按需压电式喷墨技术			
墨水	染料，标准及优质颜料墨水；Océ InkSafe 技术			
墨滴大小	可变 5~12 微微升			
操作界面	新一代 Océ 触摸式操作界面			
纸张传送方式	无孔、自动张力控制一体化前后端张力控制			
纸张输入单元	自动张力控制放卷器（包含在基本配置内）			
纸张输出单元	开放式印后处理设备接口 Type 1 型联接			
分辨率	等效于 1200 dpi × 1200dpi 图像质量（多级网点调制模式时）			
A4 印速（单机 / 双机）/ 分	324/648	505/1010	675/1350	857/1714
建议月印量（百万 A4 单机 / 双机）	2~10/5~21	4~16/7~33	5~22/10~44	6~28/12~56
纸张				
成像区域宽度	165~431.8 mm	165~540 mm（6.5~21.25 英寸）		
纸张长度	76~1520 mm			
纸张宽度	165~540 mm			
纸张克重	60~160 g/m²			
介质类型	预印刷纸、喷墨专用纸、复印纸、再生纸、新闻纸、非涂布纸			
卷筒纸芯直径	70 mm、3 英寸、5 英寸和 6 英寸			
接口	400V63A（每个机塔）			
待机功耗（kW）单机 / 双机	18.6 / 30.4	19.6 / 32.4	21.8 / 36.8	24.1 / 41.4
物理数据（卷到卷无纸卷）				
	单机		双机	
长 × 宽（mm）	3500 × 1400		连线双机：8500 × 2500	
高度（mm）	2000			
质量（kg）	2500		5300	

3.3.2.2 柯达（Kodak）数字印刷机

柯达（Kodak）在德鲁巴展出有 Nexpress 系列单张纸印刷机，以及 Prosper 连续纸喷墨印刷机。

（1）柯达（Kodak）Nexpress 平张纸印刷机。

柯达（Kodak）Nexpress ZX 彩色数字印刷平台具备极高的产能，印刷平台为全模块化设计，能随着用户业务的发展而升级。高容量进纸器和送纸器可实现长时间无人值守印刷。用户还可添加卷筒进纸器、长印张单张纸进纸器或送纸器，进一步提高纸张处理能力。此外联机的印后模块能在简单几步中完成印后加工；可让用户以额定速度印刷 4 色或 5 色。用户亦可选配的企业级柯达（Kodak）Nexpress 第五成像单元解决方案，不仅能开展金色、不透明白色、凸印、精确的专色、带红色萤光干墨或 MICR 的透明安全印刷，还能施加水印或保护性涂布，实现高冲击力的上光处理，吸引消费者的注意并创造高利润增长点。新增的长印张选项可提高应用的灵活性和效率。凭借 1 米的纸张长度，用户将能印刷 6 页和 8 页手册或 3 页的信函，并且每页的排版更加高效，从而扩大输出，减少浪费。Nexpress ZX 印刷机可在大量承印物上印刷，支持超过 800 种承印物。借助胶印机级的纸张处理能力，印刷机可轻松处理多种尺寸、质量、厚度和表面的承印物，极为稳定和可靠。用户可在铜版纸、胶版纸、塑料、磁性材料和亚麻材料上印刷。印刷机还拥有业界领先的前端系统，灵活性高，可添加、存储更多不同规格的承印物，确保印刷商在客户提出要求的第一时间即能展开印刷。柯达是数字解决方案的提供商之一，一直以来坚持技术创新，现已将 Adobe PDF 打印引擎集成到强大的柯达（Kodak）Nexpress 前端之中。对于含有丰富图像的可变数据，新的 Nexpress 前端处理文件时其速度可达以前型号的三倍。Nexpress 前端亦可扩展，力助用户轻松、高效地处理大批量复杂的作业。

（2）柯达（Kodak）Nexpress SX 数字生产彩色平台。

德鲁巴展会上推出全新的第五代成像装置解决方案：金色、珍珠色和荧光粉红色干墨。扩展的进纸器（滚筒和印纸）和直插式装订模块可在更少的步骤内完成作业，同时可实现最大的生产率和最少的浪费，采用最新配方的柯达 Nexpress HD 干墨和显影液能提供较好的色彩和一致的专色匹配度、光滑平整的印刷区域和梯度，并且具有将油墨沉积光泽度与正在印刷的基层进行匹配的功能。可以实现一致的高品质图像，同时可以减少浪费并优化运行成本。

Nexpress SX 平台配有 Print Genius，这是一套质量控制工具和选项，可在整个生产运行过程中管理和维护最高质量。Print Genius 质量套件包括硬件、软件和材料科学创新，保证印刷质量的一致性（见图 3-15、表 3-4）。

闭环校色：只需 5 分，即能完成输出分析，并反馈关键数据到系统，以进行闭环颜色校正，优化打印质量，同时最大限度地减少停机时间。柯达（Kodak）NexPress 智能校正系统（ICS）能够自动化检查和保持印刷一致性的流程。

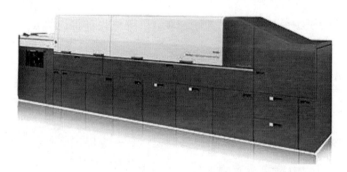

图 3-15　柯达（Kodak）Nexpress SX 印刷机

表3-4　柯达（Kodak）Nexpress SX 印刷机的技术参数

参数	柯达 NEXPRESS SX3900		柯达 NeXPress SX3300		柯达 NEXPRESS SX3900	
印刷速度	标准送纸器	可选送纸器	标准送纸器	可选送纸器	标准送纸器	可选送纸器
单面	每小时张数	每小时张数	每小时张数	每小时张数	每小时张数	每小时张数
A4（120 ppm）	7200	7854	6000	6545	5000	5455
A3	3600	3600	3000	3000	2500	2500
356 mm × 520 mm	3240	3240	2700	2700	2220	2220
356 mm × 914 mm	不适用	1620	不适用	1320	不适用	1080
最大页面尺寸（mm）	356 × 520	356 × 914	356 × 520	356 × 914	356 × 520	356 × 914
最小纸张尺寸（mm）	279 × 200	279 × 200	279 × 200	279 × 200	279 × 200	279 × 200
最大成像区域（mm）	340 × 510	340 × 904	340 × 510	340 × 904	340 × 510	340 × 904
基本配置	5 色印刷引擎 4 个标准送纸器，总送纸量达 11000 张 1 个高容量输送装置，总容量为 5000 张 柯达 NeXPress Front End 柯达 NeXPress 智能涂层解决方案 标准进纸的纸张长度可达 520 mm					
成像技术	干式电子摄影，600 dpi，多位（高达 8 位，带有通过完整数据路径的 256 级曝光） 加网：Classic HD、Classic、Line、Optimum、Supra 和柯达 Staccato DX 加网承印物					
基层	纸张：无涂层、磨砂涂层、光面涂层、抛光涂料纸和纹理、非木材和再生纸，包括多种标准胶印纸可供选择 特殊基层：胶版纸、哑粉纸、高光铜版标签、背纸幻灯片、磁性纸、相册纸、人工合成纸、预打孔和带刮纹的特殊纸					
承印物质量	60~350 g/m^2 或 80~350 g/m^2 米有涂层					
进纸	两台 1000 页送纸器，每台纸堆高度为 100 mm 两个 4500 张进纸器，每个送纸器纸堆高度为 450 mm					
收纸	总容量 5000 张 / 纸堆高度 500 mm 打样产能 500 样张 / 50 mm					

（3）柯达（Kodak）鼎盛6000C印刷机。

柯达（Kodak）再次设定彩色数码印刷的新标准。配有智能印刷系统（IPS）的鼎盛6000C印刷机（见图3-16、表3-5）颠覆了印刷产业，完美结合了卓越的品质、稳定的产能及优异的经济性，非常适合于要求较高墨水覆盖率的商业印刷应用，如直邮商品目录、插页、目录、图书和报纸。

鼎盛6000C印刷机囊括了各类技术创新和新一代的功能，令其在同类印刷机中脱颖而出。其智能印刷系统技术是高度智能的管理系统，能持续监控、评估印刷机的运行，确保最高输出质量，提高吞吐的效率。其他创新，如印刷机设计、干燥、数码前端和成像系统，将提供最高水准的可靠性、印刷速度、应用灵活性和使用便捷性。

从进纸到印刷，柯达（Kodak）鼎盛6000C印刷机强大、可靠的设计将优化产能，加快系统启动，加强各种纸张的处理。它就是输出的巨无霸，每月可生产多达9000张顶级质量的页面。在高光材料上印刷时，鼎盛6000C印刷机能以最高额定速度印刷——这大大领先于同类竞争系统。

当承印物快速通过印刷机时，鼎盛6000C印刷机的纸张路径几乎能杜绝所有常见的喷墨输纸缺陷，如纸张拉伸、起皱、发热等，而这要归功于几项重大创新。

- 抗起皱；选用的辊具有创新的设计，能减少起皱。
- 可调用作业设置，简化操作，加快印刷。
- 空气翻转架杆，减少摩擦。

鼎盛6000C印刷机能稳定地输出媲美胶印的质量——在各类胶版纸、铜版纸、高光纸和丝光纸上接近200 lpi，并且不牺牲产能，这使得该印刷机成为生产彩色可变数据直邮商品目录、图书、报纸和账单广告材料的理想解决方案。

印刷机提供全彩四色套印双面输出，印刷宽度可达 24.45 英寸（62.1 厘米），速度高达每分 1000 英尺（300 米/分）。耗材成本低，产能高，可轻松印刷 8 页、12 页和 16 页书贴。

鼎盛 6000C 印刷机的 IPS 系统能跟踪、评估页面，并根据需要对每排印刷头成千上万的墨滴进行调整。为了进一步提高质量，该印刷机的成像系统可使用柯达纳米墨水，使得其在各类承印物上的印刷品质可媲美胶印。此外系统还具备独一无二的灵活性和可变印刷的价值——同时以极高的吞吐速度生产。

图 3-16　柯达（Kodak）鼎盛 6000c 彩色喷墨印刷机

表 3-5 柯达（Kodak）鼎盛 6000c 彩色喷墨印刷机技术参数

印刷速度	1000 英尺 / 分（300 米 / 分），最高每分 4364 张 A4，8、12、16 页书贴
图像质量	在 200 米 / 分时约 200 lpi；在 300 米 / 分时约 133 lpi
承印物	不含机械浆的无纤维胶版纸，以及哑光、高光和丝光铜版纸
纸张克重	42~270 g/m², 28# 新闻纸 ~100# 图书纸
卷宽	8~25.5 英寸（20.3 cm × 64.8 cm）
印刷技术	柯达 Stream 喷墨技术
油墨类型	颜料墨水；间接接触食品的墨水
喷射模块	柯达鼎盛印刷机喷射模块
成像宽度	最大 24.45 英寸（62.1 cm）
可变终止	高达 54 英寸（137.2 cm）
印量	9000 万 A4 或信纸
文件格式	PDF，PDF-VT，PPML/GA，PPML/VDX，VPS，PostScript，AFP
数字前端	柯达 700 Print Manager
硬件	1 台控制服务器，2 台流程服务器，最低配置为双 Intel × eon CPU（QuadCore），6 GB RAM
软件	Microsoft Windows 2003 server 操作系统
联网	以太网，TCP/IP，1Gbps，双绞线
速度	正在以额定印刷速度运行的 RIP
JDF/JMF	工票控制、企业连接和工作流程自动化
可选工作流程	柯达统一工作流程解决方案产品套件

（4）柯达（Kodak）Prosper 5000 × Li 印刷机。

柯达（Kodak）鼎盛 Prosper 5000 × Li 印刷机（见图 3-17、表 3-6）具备全新的智能印刷系统（IPS），是目前较先进的喷墨印刷机。该 IPS 技术是智能的管理系统，能持续监控印刷机的运行，确保获得最高的输出质量，打造最高效的生产。IPS 可在运行时处理数以千计的印刷机输入。智能控制将连续评估纸张传输的效率和成像的表现，甚至能检测到最微小的变化——之后一边印刷一边计算，并做出适当的调整。鼎盛 5000×Li 是一款智能的印刷机，能把产能和输出质量推向新高峰。鼎盛 5000×Li 印刷机可进行四色双面输出，印刷宽度可达 24.5 英寸（62.2 cm），印刷速度高达 650 英尺 / 分（200 米 / 分）。鼎盛 5000×Li 为目前市场上 8、12 和 16 页书贴中最高效的喷墨轮转印刷机，每月的印量可达 9 千万张 A4 或美国信纸。借助 IPS，鼎盛 5000×Li 印刷机可稳定地提供媲美胶印的印刷质量——在各类铜版纸、胶版纸和高光纸张上皆可输出 175lpi，实现了"数码印刷不做任何妥协"的承诺。

图 3-17　柯达（Kodak）鼎盛 5000xLi 喷墨印刷机

表 3-6 柯达（Kodak）鼎盛 5000xLi 喷墨印刷机技术参数

打印速度	高达 650 fpm（200 mpm），高达 3600 A4 ppm
图像质量	高达 175 lpi
基层	Types：Uncoated free sheet，matte coated papers
	Weight：45~300 g/m^2
	Roll width：330 mm×648 mm
成像系统	技术：柯达连续喷墨技术
	油墨类型：柯达的水性颜料印刷色油墨
	喷墨模块：标准完整印刷机内包含 48 个 4.16 英寸喷墨模块
	成像宽度：最大 622 mm
	可变切割：最长 1372mm
	负载循环：90 m A4
文件格式	PDF、PPML/VD×、PPML/GA、PostScript、VPS、IPDS、AFP
数字前端	柯达 700 Print Manager
	柯达 700 数字前端包含在两个机柜中，带有 1 台控制服务器和 8 台印刷流程服务器
	通过硬件加速的影像处理技术
	可扩展架构，用于扩展及针对特定客户的解决方案
	数据格式：PDF、PostScript、PPML/GA、PPML/VD×、VPS、AFPDS（MO：DCA）、IPDS
	连接：以太网 TCP/IP、1Gbps 双绞线、IPDS（TCP/IP）或 JDF/JMF
	一个包含柯达 Prosper 720 印刷机控制器的机柜
	速度：以额定印刷速度运行的 RIP
	JDF/JMF：工票控制、企业连接和工作流程自动化
	工作流程：柯达统一工作流程解决方案产品套件

注：fpm 为英尺 / 分，mpm 为米 / 分，ppm 为面 / 分。

3.3.2.3 富士施乐（Fuji Xerox）数字印刷设备

富士施乐（Fuji Xerox）在德鲁巴印刷展推出的设备主要是彩色和黑白激光印刷机及连续纸喷墨设备。

（1）施乐（Xerox）Nuvera® 314 EA 单张纸黑白生产型静电数字印刷机。

借助于施乐（Xerox）Nuvera® 314 EA（见图3-18）双面数字生产系统，独特的 Tandem 架构设计带来更快的速度、更长的运行时间、更好的性能和整体端到端的生产力。

在以双面模式打印的时候，两个引擎均全速运行，每个引擎各自处理双面文件的其中一面，使其以直线路径进行，从而实现每分314印双面图像的速度。在以单面模式打印的时候，该系统每分可以打印157印页面或图像。

闭环流程可以确保不断扫描打印活动，以监测和保持打印质量和套准，从而确保更佳的性能。施乐（Xerox）Nuvera® 的整个纸张路径包括打印引擎和所有必要的组件，可以供操作员随时使用，简单地清理卡纸，恢复作业。

如果两个打印引擎中有任何一个需要软关机操作，操作员可以选择"Pass Through 模式"。所有页面由指定的主要打印引擎成像，并且仅仅通过空转的打印引擎。

并行 RIP 由一组 Xerox® 专有的软件组成用来调节各个处理器、内存和软件的运行状态，以提高图像处理性能和打印速度，超越了传统的界限。可以在作业中长期处理众多非重复扫描的图像或数码照片（包括教科书、杂志、年鉴和产品手册）。

FreeFlow® 打印服务器（见表3-7）在被选定后，将对操作员所提交的并行

RIP 作业进行直观的管理，以实现更佳性能。

　　打印服务器可决定在单个 RIP 上进行作业处理，将一个或多个其余的 RIP 保持打开状态，以便进行下一步或其他作业。或者将大型作业分割成几个部分，进行并行（同时）处理，使用所有可用的 RIP 尽快完成作业。虽然 RIP 的最大数量变化取决于施乐（Xerox）Nuvera® 处理器和内存配置，一般说来，一个双核心处理器将运行大约 2~3 个 RIP。如果选择添加第二个双核处理器，则会有至多 5 个 RIP 共同运行。（LCDS、IPDS 和 PCL 数据流不再通过并行 RIP 进一步增强）。

（a）外部构造

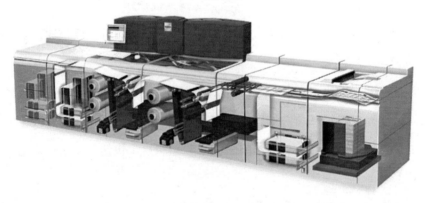

（b）内部构造

图 3-18　施乐（Xerox）Nuvera 314 EA 激光印刷机

表 3-7　施乐（Xerox）FreeFlow® 打印服务器技术参数

项目	内容
打印控制器	Xerox FreeFlow® 打印服务器
	并行 RIP（适用于 PDF、PS、VIPP® 数据流）； TIFF/PCL 5e & PCL6/ASCII- Adobe® 标准 PDF；Adobe® PostScript® Level 3； 多页 TIFF；PPML；LCDS/MetaCode；IPDS
打印机模块	1200 dpi × 1200 dpi RIP 分辨率
	4800 dpi × 600 dpi 打印分辨率
	操作员的可调设置：浓 / 淡、对比度、墨粉节省设置
	半导电磁刷技术（SCMB），乳化聚合（EA）墨粉
	硅 / 聚四氟乙烯定影，使半色调更清晰
打印机模块	双光束光栅输出扫描技术（ROS）
	EA 墨粉：打印量 210000 印次 /4 千克瓶
	A4 纸双面打印，每分 314 印次
	A3 纸双面打印，每分 157 印次
纸张增强模块	印后处理模块可实现： – 出色的堆叠质量 – 纸张的平整度，以提升完成装订选配件的可靠性（小册子装订器、堆叠器等） – 根据每种介质类型自动调整
Xerox® 生产型堆叠器	2850 页
	使用堆叠器推车套件为 2600 张
	堆叠器的设计，能够实现一次性无间断 2850 张纸张堆叠
	卸载时仍然可以运行（每台设备一次）保持生产不间断
	顶部纸盘：容量为 250 张（80 g/m²）
	介质尺寸： – 顶部纸盘：140 mm × 210 mm ~ 320 mm × 491 mm – Bypass 并旋转：178 mm × 254 mm ~ 320 mm × 364 mm – Bypass 不旋转：140 mm × 203 mm ~ 320 mm × 491 mm – 堆叠器：178 mm × 203 mm ~ 320 mm × 491 mm
	特殊介质：无碳复写纸、耳朵纸、NeverTear、预印胶版纸

（2）施乐（Xerox）iGen® 5 150 Press 单张纸彩色生产型静电数字印刷机。

施乐（Xerox）iGen® 5 150 Press（见图 3-19、表 3-8）上的第 5 色干墨站可装载透明干墨，制作局部装饰清漆上光效果。如与 CMYK 亚光干墨配合使用，透明色的光泽效果提供高价值的印象，提升数字化打印能力。可使用施乐（Xerox）iGen® 5 150 Press 来打印设计师所提供文件中的专色，如公司标志中的某种特定色彩。

施乐（Xerox）iGen® 5 150 Press 所提供的工具可对 PDF 进行评估，决定使用哪种第 5 色方可获得精确的匹配效果。这是关于施乐（Xerox）iGen® 5 150 Press 如何处理数字打印作业的另一个实例。施乐（Xerox）iGen® 5 150 Press 使用 VCSEL 技术的 2400×2400 成像系统，能够确保每平方英寸输送更多的信息。这意味着有以下这些改善：更紧凑、更均匀且锐度更佳，输出优异的中性色调、干净利落的文本、纯净的中间色、细致的阴影部分、明亮的高亮部分及优异的照片着色。

图 3-19　施乐（Xerox）iGen® 5 150 Press 单张纸彩色生产型静电数字印刷机

表 3-8　　施乐（Xerox）iGen® 5 150 Press 单张纸彩色生产型静电数字印刷机

项目	内容	
打印分辨率	2400 dpi × 2400 dpi	
连续打印速度	A4	137 页 / 分
	A3	75 页 / 分
纸张大小	上接收盘	标准尺寸：最大 B3、最小 A4
		非标准尺寸纸张：254 mm × 210 mm ~364 mm × 660mm
	下进纸盘	标准尺寸：最大 B3、最小 B5
		非标准尺寸纸张：178 mm × 178 mm ~364 mm × 521mm
纸张克重	非涂层纸：60~350 g/m²	
	涂层纸：90~350 g/m²	
纸盘容量	标准：2500 张 × 4 层	
	选配：加装 A4-26 英寸进纸器 2500 张 × 2 层	
	最大：30000 张（标准＋加装 A4-26 英寸进纸器 × 4 进纸模块 /8 层）	
出纸盘容量	上接收盘	100 张
	大容量堆叠器	3000 张

（3）富士施乐（Fuji Xerox）RISHIRI 1400 喷墨彩色连续纸打印系统。

富士施乐（Fuji Xerox）RISHIRI 1400 喷墨彩色连续纸打印系统能满足日常使用的需求。除了出色的打印系统外，富士施乐（Fuji Xerox）RISHIRI 1400 喷墨连续纸打印系统还配备有大量的工具、服务、解决方案等（见图 3-20、图 3-21、图 3-22、图 3-23）。

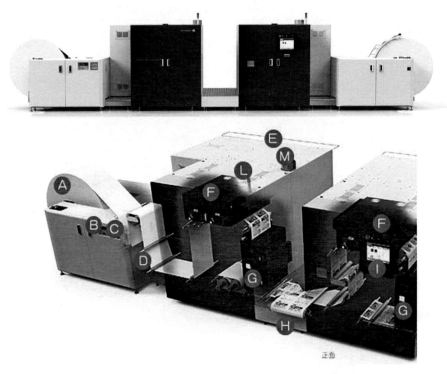

图 3-20　富士施乐（Fuji Xerox）RISHIRI 1400 喷墨彩色印刷机

A. 放卷机

该放卷机用于将连续卷筒纸送入喷墨单元。安装后，它可以在上部或者下部送纸。此外，它可以半自动化调整加载纸张的位置，确保纸张在整个打印运行过程中始终保持在同一位置进纸。

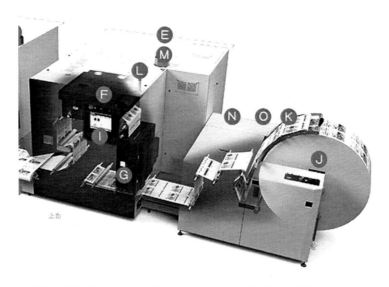

图 3-21 富士施乐（Fuji Xerox）RISHIRI 1400 喷墨彩色印刷机各主要部件位置

控制器
控制器的功能是处理输入数据并控制打印机。控制器内置了富士施乐独有的RIP处理加速器集成线路板，可以更快地处理数据转换，尤其是PDF的处理。

冷凝机
冷凝机通过在打印机内的循环水来冷却烘干后的纸张。

空气压缩机
压缩机用于向系统的各个组件提供空气，使系统能够更方便地执行某些操作，例如加载纸张或卸载纸张。

图 3-22 富士施乐（Fuji Xerox）RISHIRI 1400 喷墨彩色印刷机辅助设备

B. 张力控制器

张力控制器用于确保纸张张力保持不变，有助于确保高速打印时进纸的稳定性。

C. 边缘定位控制器

边缘定位控制器用于监控纸张走向，一旦探测到任何偏移即刻进行调整，有助于进一步提高高速打印时的进纸稳定性。

D. 纸屑清除滚筒

这是一种用于清除卷筒纸表面纸屑的黏性滚筒，可保持喷墨单元的无尘状态，避免发生纸屑散落和喷墨故障等问题。

E. 喷墨单元

喷墨单元在连续卷筒纸上打印并烘干打印后的纸张。

F. 打印头外箱

打印头外箱内放置打印头。

G. 烘干机

烘干机用于烘干打印后输出纸张上的墨水。

H. 翻转器

翻转器用于打印时的纸张翻面，同时减少纸张压力。

I. 操作面板

这套系统配备有一个触摸屏操作面板，它的图形用户界面显示了通俗易懂的操作指示，指导用户如何操作各个组件以及如何运行打印作业。它也可以帮助用户快速查看系统状态。

J. 收卷机

收卷机把从喷墨单元打印输出的纸张重新卷起来。该组件既可以在上方也可以在下方收纸。

K. 压制滚轮

压制滚轮用于减少卷纸输出时可能发生的纸张起皱，也可以使用户看到输出纸张的正反两面。

L. 指示灯

并排排列的指示灯用于显示系统状态。当系统需要得到关注时，指示灯会发出警告，让用户从很远的地方就能一眼看到并通过指示灯来判断系统状态。

M. 排气管

排气管用于将烘干打印纸张时产生的热空气和水蒸气排出机器。

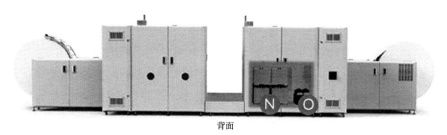

背面

图 3-23 富士施乐喷墨彩色印刷机背面主要部件

N. 墨水箱

墨水箱是安装墨水袋的地方，墨水袋用于向两个墨盒供墨。

O. 储备箱

使用方便的储备箱可用于存放备用墨水，使用户可以在打印运行过程中替换墨水袋而无须中断打印作业，从而提高生产力。

富士施乐（Fuji Xerox）RISHIRI 1400 喷墨彩色连续纸打印系统采用了专业的技术来确保每一页均能呈现较好画质。这款打印机每秒钟可喷射 42 亿个墨点，因此理论上可以实现 600dpi 的分辨率。为了能正确表现色彩，富士施乐（Fuji Xerox）RISHIRI 1400 喷墨彩色连续纸打印系统中采用了新的 40kHz 打印头技术和压电式按需喷墨系统。压电系统通过电压来控制墨点大小，确保喷到纸张上的墨水量正好。富士施乐（Fuji Xerox）RISHIRI 1400 喷墨彩色连续纸打印系统配备有 40 个 40kHz 打印头无缝连接地工作，打印头的使用寿命更长。第一代打印头会由于声音干扰，周期性发生图像损失问题（见图 3-24）。

第一代打印头　　　　　　　　第二代打印头

图 3-24　两代打印头的印刷效果区别

为进一步确保质量，喷墨设备技术专员均通过德国 Fogra 印艺技术研究协会的认证（Fogra 是从事印艺技术的协会），确保了富士施乐（Fuji Xerox）RISHIRI 1400 喷墨彩色连续纸打印系统符合高质量数字打印生产的国际标准。

富士施乐（Fuji Xerox）RISHIRI 1400 喷墨彩色连续纸打印系统配备有一个可编程逻辑控制器（PLC），可以控制喷墨塔、放卷机、纸张传输、供墨和收卷机的操作。这款 PLC 特别强大之处在于它可以在短短 5 秒内使打印加速到每分100 米的最高速度。PLC 的程序设置能确保出色的可靠性，因此，它可以确保在不牺牲打印质量的前提下进行高速打印生产（见图 3-25）。

图 3-25　网点效果可以达到一般客户需求

富士施乐（Fuji Xerox）RISHIRI 1400 喷墨彩色连续纸打印系统的墨水具有防水功能，即使沾了水，也能确保印刷品不会变模糊。可以长年保持最初印刷时的色彩。

在打印机的 A、B 两个喷墨塔里，设有离子中和器，可用于在打印头开始打印前消除纸张上的静电。纸张上静电被完全消除后，每一滴墨滴都可以精确地落到对应的位置，确保每一页上均能稳定一致地呈现高质量的图像（见图 3-26）。

正负离子数量一致，完美消除静电（33Hz）

图 3-26　静电消除原理

当打印机高速生产高质量的印刷品时，至关重要的一点就是确保纸张上的墨水能够快速烘干以避免在校准过程中由于碰擦产生污渍。为此，其在打印机的两个喷墨塔内均安装了一个碳加热器，这是一种近红外加热器（见图 3-27），可以帮助加快烘干速度。它使用碳作为热源，烘干机仅对打印区域进行烘干，因此有助于减少能源的使用，使设备更加环保。此外，碳加热器可以减少电磁辐射，同时也减少了对其他设备的干扰，因此可以使用更少的金属进行屏蔽，这些都使该设备变得更轻型。

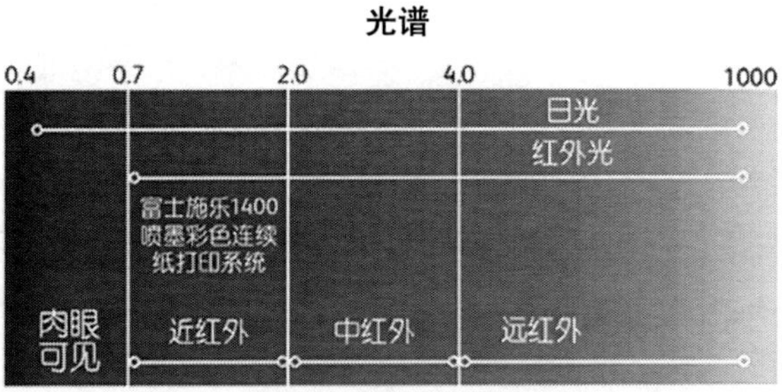

光谱

| 0.4 | 0.7 | 2.0 | 4.0 | 1000 |

日光

红外光

富士施乐1400喷墨彩色连续纸打印系统

肉眼可见 | 近红外 | 中红外 | 远红外

图 3-27　红外光谱

在充满竞争的商业环境中，生产力决定一切。富士施乐在设计 1400 喷墨彩色连续纸打印系统时充分考虑到了这一点，可以确保以较高的性能和效率完成打印作业。

打印系统可以在600dpi的分辨率下实现每分100米的高速打印，不仅如此，这主要由两台强大的打印引擎无缝合作完成，作为并行打印机同步进行工作，打印1600份宽幅尺寸的卷纸仅仅需要1个小时，理论上生产1312份A4尺寸双列打印副本需要1分。

除了高速、高质量打印之外，富士施乐（Fuji Xerox）RISHIRI 1400喷墨彩色连续纸打印系统还可以确保印品的定位和套准精度。放卷机和打印机的第二喷墨塔配备有边缘定位控制（EPC）系统，它可以探测纸张位置并相应调整运行中的纸张位置以确保图像打印在正确位置（见图3-28、表3-9）。

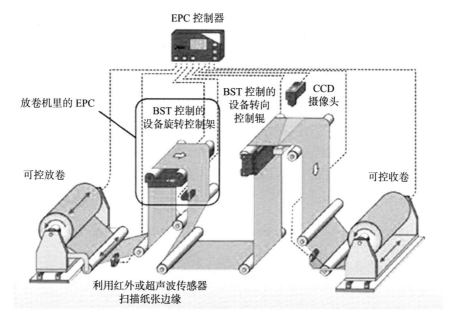

图3-28　纠偏系统工作原理

纸张上的折痕会使印刷品变得很难看。为了避免发生这种情况，富士施乐（Fuji Xerox）RISHIRI 1400喷墨彩色连续纸打印系统中从放卷机到收卷机的全部过程均使用了严密的纸张拉伸系统，以确保精准严密的套准。纸张拉伸系统可能会导致纸张撕裂，从而造成中断打印作业并影响生产力的后果。所以打印机中安装了速度监控系统，一旦发生纸张破损就能及时发出通知。

作为打印机的主要组件，打印头需要始终保持清洁来确保高效率。设备的打印头具有自动清洁系统，确保有更佳的输出质量。正确的墨水使用量有助于减少浪费。富士施乐（Fuji Xerox）RISHIRI 1400 喷墨彩色连续纸打印系统可以根据打印需求，优化墨水浓度，使其达到所需的墨水用量，从而节省墨水用量。有"淡""正常""浓"三种模式可供选择。

表 3-9　富士施乐（Fuji Xerox）RISHIRI 1400 喷墨彩色连续纸打印技术参数

项目	描述
打印机配置	双引擎双面
色彩处理能力	全彩
打印头	压电式按需喷墨
	2.656 个喷嘴 / 打印头
	40 kHz 驱动频率
打印分辨率	600 dpi × 600 dpi
墨滴尺寸	每个墨滴有 4 种尺寸
	5、8 和 11 皮升
预热时间	16 分或以下（室温 20~26℃，室内湿度 30%~60%RH）
连续打印速度	双面 1312 页 / 分（换算成 A4 单页纸，双列双面打印）
纸张尺寸	宽 152.4 ~ 520.7mm
纸张克重	64 ~ 157g/m^2
进纸	连接进纸单元（最大卷筒直径：1270 mm）
出纸	连接出纸单元（最大卷筒直径：1285 mm）
进纸速度	最大：100 米 / 分

注：RH，即 Relation Humidity，意为相对湿度。

3.3.2.4　理光数字印刷机

（1）理光 Pro VC60000/VC70000 彩色喷墨印刷机。

理光 Pro VC60000（见图 3-29）采用理光新一代喷墨核心技术，配合理光高密度、丰富且耐用的水基环保墨水，体现了理光长达 25 年的核心喷墨技术研发的经验和结晶成果。理光的动态可变墨滴大小技术墨滴可达 2 微微升级别，结合理光专业的彩色配准的独特动态印刷头定位技术，使印刷质量提升到一个新的水平，可媲美胶版印刷。

理光的按需喷墨 Piezo 印刷头和水基颜料喷墨打印机具有的速度和分辨率，可帮助客户满足紧张的交货期要求，远快于传统印刷技术：

- 600 dpi × 600 dpi 时，为 150 米 / 分；
- 1200 dpi × 600 dpi 时，为 75 米 / 分；
- 1200 dpi × 1200 dpi 时，为 50 米 / 分；
- 每个双工系统的目标月印量多达 4000 万印次，满足并提高客户生产效率。

支持多种介质，包括 40~250g/m² 范围内的非铜版、涂布胶版、喷墨加工和再生纸，宽度介于 165~520mm。可选底涂层模块使其能够在胶版涂布原纸上打印，可选保护涂层模块提供耐用的"抗刮—耐擦"层，以保护重要文件。可选空气干燥器模块利用在胶版原纸上的厚颜色覆盖应用加速印刷时间。可适用于直邮、资料和书本、明信片、营销材料和个性化文件等。

Total Flow Print Server R600A 是理光设计和开发的数字前端设备，支持多个本土印刷流，包括 PS、PDF、PDF/VT、AFP/IPDS 和 JDF/JMF。

VC70000（见图 3-30、图 3-31）在 VC60000 的基础上，优化了烘干技术，铜版纸类的承印物无须预涂涂布，打印速度提升至 150 米 / 分，墨水技术也有了很大提升。

图 3-29　德鲁巴印刷展上理光展出的 VC60000 喷墨彩色印刷机

图 3-30　理光准备推出的 VC70000 印刷机

RICOH Pro VC70000 外形

(单位:mm)

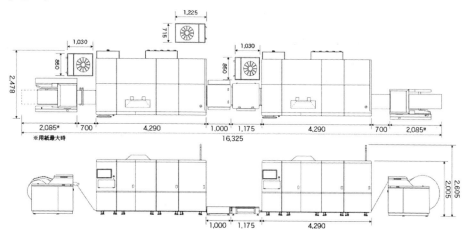

图 3-31　理光 VC70000 印刷机规格尺寸

（2）单页黑白生产型数字印刷机 Pro 8220s。

单页黑白生产型数字印刷机 Pro 8220s（见图 3-32、表 3-10）高达 136 页 / 分的连续打印速度，可装载多达 12650 张纸，支持专业高负载文印作业需求。宽范围纸张适应能力，可承载 40~350 g/m² 纸重，最大支持 330 mm × 700 mm 尺寸的纸张。1200 dpi × 4800 dpi 高分辨率，利用其创新的激光技术（VCSEL），实现精准、专业、平滑的图像质量，并使色差降到最低。高耐久性的单元组合结构及模块化的设计，可以在不停机的状态下更换碳粉盒，最大限度缩减停机维护时间。

图 3-32　理光单黑激光印刷机 Pro 8220S

表 3-10　理光单黑激光印刷机 Pro 8220S 技术参数

产品名称	RICOH Pro 8220s
类型	落地式
技术	单鼓干式静电转印系统，带有内部转印带
定影	无油带式定影
系统硬盘	640GB（320GB×2）
控制面板	全彩 10.4 英寸 VGA 触控面板
复印分辨率	1200 dpi×4800 dpi
打印分辨率	1200 dpi×4800 dpi
扫描分辨率	600 dpi
扫描速度	单面：120 ipm；双面：220 ipm
输出速度	136 ppm
纸张容量	纸盘 1：1100 张 ×2；纸盘 2~3：550 张 ×2
	总容量 标准 / 最大：3300/12650 张（A4）
纸张尺寸	纸盘 1：A4 LEF，LT LEF；
	纸盘 2－3：〈自定义尺寸〉
	宽：139.7~330.2 mm
	长：139.7~487.7 mm；
	手送纸盘：〈自定义尺寸〉
	宽：100.0~330.2 mm
	长：139.7~487.7 mm（最长 700 mm）
纸张克重	纸盘 1~3：52.3~256 g/m^2
最大月印量	1000000 页

（3）单页彩色生产型数字印刷机 Pro C9200。

单页彩色生产型数字印刷机 Pro C9200（见图 3-33、表 3-11）每分高达 110 页的高生产力，可装载多达 20500 张纸，月印量高达 175 万张 A4 纸，是应对专业印刷市场的新一代重型生产型数字印刷机。采用全新的平台设计的印刷机，将成像单元和定影单元分离，连续生产过程中成像单元远离热源，确保图像质量更稳定。使用技术成熟的 VCSEL 激光技术确保高质量印刷。实现 1200 dpi×4800 dpi 高分辨率，确保精准、专业、平滑的图像质量。使用了交流转印技术、弹性转印带、弹性定影带，结合平直的纸路结构设计，增强了介质适应性，支持厚度高达 400 克的纸张、纹理纸和涂层纸、长度 700mm 的纸张自动双面印刷。甚至包括镜面、金属材质和合成材料的特殊介质都能应对。采用升级过的主动机械套准技术和自动纸张长度回馈系统，实现从第一页到末尾一页的高精度正背套准。

图 3-33　单页彩色生产型数字印刷机 Pro C9200

表 3-11　单页彩色生产型数字印刷机 Pro C9200 技术参数

基本规格	功能
产品名称	RICOH Pro C9200
类型	落地式
技术	4 色 - 卷筒干式静电转印系统，配备内部转印带
定影	无油带式定影
控制面板	全彩 10.4 英寸 VGA 触控面板
打印分辨率	1200 dpi × 4800 dpi
正背套准	≤ ± 0.5 mm
预热时间	≤ 420 秒
输出速度	黑白 / 全彩 110 ppm
纸张容量	纸盘 1：2200 张；纸盘 2：2200 张
	总容量 标准 / 最大：4400/20500 张（A4）
纸张尺寸	纸盘 1、纸盘 2：〈自定义尺寸〉
	宽：139.7~330.2 mm
	长：139.7~487.7 mm；
	最大可打印区域：〈自定义尺寸〉
	323 mm × 692 mm
纸张克重	纸盘 1：52.3~400 g/m^2 纸盘 2：52.3~400 g/m^2
	大容量纸盒：52.3~400 g/m^2 旁路纸盘：52.3~216 g/m^2
最大月印量	1750000 页

3.3.2.5　网屏数字印刷机

网屏是世界上唯一生产线图像制版器材、电子原件制造设备的综合制造厂商，创立于 1943 年，然其根源可追溯到 1868 年，始创于日本京都之石田石版印刷厂，历史超过 130 年，现有分公司 16 家，员工分布全球各地，为顾客服务。

　　Truepress Jet520（见图 3-34）是一款全彩色可变数据印刷系统，是网屏的高档印前技术与最新彩色喷墨印刷技术的结合。实现了质量与速度的平衡。借助于预先印刷好的套准标记、页边孔或参考标记就可以保证对齐及套准，从而顺利地完成印刷任务。位于印刷品正、背面相互关联的套准标记负责保证正、背面对齐，继而保证印刷品的套准精度及质量水准。Truepress Jet520 使用耐水性及耐光性俱佳的水性颜料墨水。用这种墨水印制的印刷品即使沾水也不会掉色。另外，Truepress Jet520 支持多种承印物，如喷墨纸、普通纸甚至非涂布纸等。为了确保印刷质量始终如一，网屏凭借多年来在扫描仪制造领域所积累的经验和技术开发了负责监控印刷质量的内置扫描器。这台扫描器能够读取测控条中的信息，并分析打印头是否需要调节或清洗。由于使用大体积墨盒，而且剩余墨量会显示在屏幕上，因此在印刷过程中不易出现无墨水的情况。

图 3-34　Truepress Jet 520 系列喷墨印刷机

3.3.2.6　赛康（Xeikon）数字印刷设备

比利时赛康（Xeikon）轮转式数字印刷机声名远播，在全球的分布非常广，它是质量、产能、成本最接近传统印刷的数字印刷机，在欧美很多国家，赛康数字印刷机完全可以取代传统印刷设备。其全球装机总量 4000 台，其中，北欧国家挪威就有 100 多台。亚洲以日本最多，有 200 多台。美国仅当纳利一家公司，就有 80 多台赛康设备，美国当纳利和赛康公司的成功合作，被写入哈佛商业教案，主要是讲企业家投资必须具备的高瞻远瞩的眼光。

在众多的数字设备中，除惠普使用独特的电子油墨转印技术以及喷墨设备如 Durst 采用喷墨技术之外，其他如奥西、佳能、施乐、赛康等数字印刷设备，均采用静电碳粉技术。Xeikon 设备在长期高强度工业生产中表现出来的稳定性以及非常少的耗损零件投资，是同类数字设备难以望其项背的。如深圳路通公司，用于生产数字壁纸的 Xeikon 5000 设备已经用了 8 年以上，每年返修一两次而已，至今完好无损。

赛康（Xeikon）9600（见图 3-35）由于采用激光墨粉技术，速度较慢，只有 14.5 米 / 分，无法和喷墨印刷速度相比，但是因其为彩色激光印刷机，印刷质量较高。幅宽介于 320~508 mm，实现 1200 dpi 打印。是介于平张激光与喷墨卷筒之间的产物，适用于长幅、高质量、彩色印刷品制作。

图 3-35　赛康（Xeikon）9600 彩色激光轮转印刷机

3.3.2.7　惠普（HP）数字印刷机

惠普（HP）在德鲁巴展会上推出了 T 系列喷墨印刷机（见图 3-36、表 3-12），是同一个印刷文件，由分布在全球的 5 家 HP 平张纸印刷设备终端，客户分别打印其中的一部分，之后在展会上拼凑起来，形成一张图画，可以看到，肉眼几乎分辨不出颜色有差异。同样的文件在全球任何一个地方印刷，颜色都是一致的，说明 HP 平张纸机器的色彩稳定性还是不错的。

（1）HP PageWide Web Press 单黑。

HP 的连续纸印刷设备 T260M，占地面积较大，其采用的 ULTRASTREAM 技术利用了 Stream 独特的墨滴生成技术。该技术受到行业高度肯定，能生产圆形、均匀、无杂斑的网点，其速度比使用单一印刷头阵列的按需喷墨快 10 倍。写入系统为模块化设计，宽度在 390~660 mm 之间，可满足特定的应用要求，在 150 米 / 分的速度下能实现 600 dpi × 1800 dpi 的高分辨率，且适用极为广泛的纸张和塑料承印物。

图 3-36　惠普 T 系列喷墨印刷机

表 3-12　惠普 T 系列喷墨印刷机技术参数

项目	描述
打印机配置	双引擎双面
色彩处理能力	单黑
打印头	Thermal Inkjet
打印分辨率	1200 dpi
连续打印速度	244 米 / 分
纸张尺寸	390~660 mm
纸张克重	40~250 g/m^2
有效打印宽度	630 mm
有效打印长度	203~1829 mm

（2）HP PageWide Web Press 彩色。

惠普公司扩展了支持高分辨率喷嘴架构（HDNA）技术的 HP PageWide 轮转印刷机系列，推出了全新 HP PageWide 轮转印刷机 T490 HD、T490M HD 和 T240 HD（见图 3-37、表 3-13）。这些新产品可帮助客户提高印刷质量和生产力，使印刷服务提供商能够将更多的高附加值商业应用从胶印转移到喷墨印刷。

（a）侧面外观

（b）正面外观

图 3-37 惠普 T 系列喷墨印刷机

表 3-13　惠普 T 系列喷墨印刷机技术参数

项目	描述
色彩处理能力	四色
打印头	HP High Definition Nozzle Architecture Thermal Inkjet
打印分辨率	2400 dpi
连续打印速度 ×2	122 米 / 分
纸张尺寸 ×3	390~559 mm
纸张克重 ×4	40~250 g/m^2
有效打印宽度	521 mm
高质量模式速度	31 米 / 分

（3）惠普（HP）Indigo 12000 数字印刷机。

惠普（HP）Indigo 系列（见图 3-38、表 3-14）引入了跨平台创新，可助力印刷服务提供商重塑普通商业印刷（GCP）面貌，包括以下内容。

树立了新的印刷质量基准，印刷质量与胶版印刷持平，通过引入硬件、耗材和软件创新，例如引入多种专业印刷质量模式，而提高了印刷清晰度和平滑度。新的高清激光阵列（HDLA）技术使印刷分辨率提高了一倍，可提供比以前更高的印刷质量。

运用在线分光光度计等自动化色彩管理工具提高色彩准确度和一致性，以满足更严格的标准，并将色彩管理变成竞争优势。

带来了全新印刷应用潜力：可使用新的惠普（HP）Indigo 电子油墨；增加了适用的介质种类，如合成材料、金属材料、帆布、黑色和彩色介质，且介质厚度可达 550 微米；运用安装在印刷机上的惠普（HP）Indigo 电子油墨底涂，实现出色的油墨附着效果。此外，新版革命性超级定制化软件惠普（HP）SmartStream Mosaic 提供了全新的混色能力，增加了设计选择。

提高了生产率和自动化程度，惠普（HP）Indigo 用户每天能够毫不费力地完成数千项作业。使用惠普（HP）SmartStream Production Pro，能够省掉多达 50% 的印前工作，而通过惠普（HP）Indigo Optimizer，每班生产力可提高40%，由于生产时印刷机可对作业排序和打样，因此能够实现不停顿的印刷。增强的惠普（HP）SmartStream Production Center 简化了印刷生产管理，提高了效率，降低了成本。

图 3-38　惠普（HP）Indigo UV 油墨彩色印刷机

表 3-14　惠普（HP）Indigo 12000 数字印刷机技术参数

技术参数	
项目	描述
色彩处理能力	HP IndiChrome Plus 7 色印刷
	青色、品红色、黄色和黑色（添加橙色、紫色和绿色）
打印头	HP High Definition Nozzle Architecture Thermal Inkjet
打印分辨率	812 dpi（2438 dpi × 2438 dpi）
连续打印速度	彩色打印：1725 张 / 小时，单色打印 4600 张 / 小时
纸张尺寸	530 mm × 750 mm
纸张克重	75~450 g/m²

3.3.2.8　柯尼卡·美能达（KONICA MINOLTA）数字印刷机

柯尼卡·美能达主推的机型 bizhub PRESS C1100 彩色生产型数字印刷系统和 bizhub PRESS 2250P 黑白生产型数字印刷均为平张纸生产系统，以及全新的 B2+ 尺寸 KM-1 打印机。同时也是喷墨打印头的重要提供商。

柯尼卡美能达产业喷墨打印头为多种客户应用提供一系列解决方案。其独特、易用的打印头评估系统旨在帮助客户开发喷墨打印系统。从研发阶段、生产和质量控制到产品的营销，柯尼卡美能达喷墨技术株式会社全方位协助客户使用柯尼卡美能达喷墨技术。

（1）bizhub PRESS C1100 彩色生产型数字印刷系统。

bizhub PRESS C1100 彩色生产型数字印刷系统可以满足对多种印刷作业订单进行高速处理、大批量生产和连续操作的需求。除具有较高的生产力外，高效能数字印刷系统还可以处理多种纸张类型并能够稳定、高速输出薄铜版纸宣传页和厚纸广告页等（见图 3-39）。

bizhub PRESS C1100/C1085 能够处理质量 $55\sim350\ g/m^2$ 的多种纸张，实现了 100% 生产力。它能够对多种纸张进行大批量作业处理以实现交货时间较短的作业打印。稳定的生产性能使其能够应对交期紧迫的任务并支持客户的业务拓展。

新设计的大直径上部定影系统和 Simitri HDE 低能耗炫彩聚合碳粉的协同作用能够在使用质量为 $55\sim350\ g/m^2$ 的纸张时实现 100 张 / 分的高速打印。改进后的定影辊增大了定影带接触面积，带来了更高的性能优化，可实现快速和均衡的热传导。

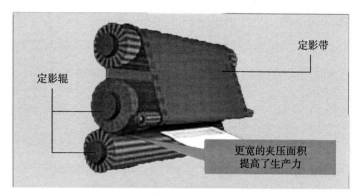

图3-39　柯尼长美能达定影系统

进纸单元中配备了吸气进纸皮带。除使用空气辅助功能从侧面吹风外，还可从正面吹送气流以分离纸张，然后纸张会被吸附到吸气皮带上进行传送（见图3-40）。

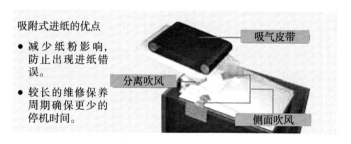

图3-40　吸气进纸皮带

bizhub PRESS C1100/C1085 具有很高的纸张兼容能力，使其可减轻因热量或传输等对纸张造成损伤。对于质量为 55~350 g/m² 的纸张，bizhub PRESS C1100/C1085 支持使用从明信片到 330.2 mm × 487.7 mm 的多种纸张尺寸，可轻松应对专业印刷市场需求。

　　柯尼卡美能达开发了可增强纸张处理能力的新型定影系统。通过在吹风定影分离组件中配备新型进口辊和定影带转向机构，提高了从薄纸到厚纸的传输性能，加强了可靠性，使其可满足多样化的按需印刷需求（见图 3-41）。

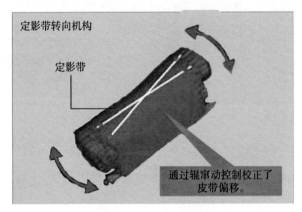

图 3-41　自动纠偏装置

　　高精度的对位组件结合了现有的纸张歪斜检测／自动校正机构和间歇性夹压释放机构以及对位单元歪斜校正机构，可实现很高的正反对位精度（见图 3-42）。

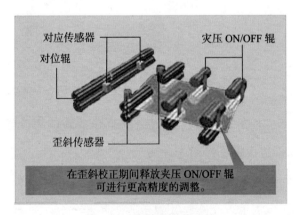

图 3-42　高精度调整组件

bizhub PRESS C1100/C1085可容纳最大尺寸为330.2 mm×487.7 mm的纸张。它能够处理最大尺寸为321 mm×480 mm打印区域，因而可执行带有裁切标记的A3尺寸打印，以及带有裁切标记的A4尺寸二合一打印（见图3-43）。

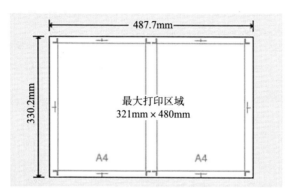

图3-43　可打印区域示意图

（2）AccurioJet KM-1单张喷墨印刷设备。

AccurioJet KM-1单张喷墨印刷设备是目前力推的印刷机，基于在数字印刷领域积累的技术，柯尼卡美能达开发了AccurioJet KM-1，这款印刷机采用了新型UV墨水、高性能喷墨打印头和系统处理技术。这些技术的应用，使柯尼卡美能达生产型设备具有高画质、灵活性、稳定性和高生产力等特点。凭借新设计的喷墨打印头和新研发的UV墨水，依靠多年积累的图像处理技术，这款柯尼卡美能达印刷设备可提供能与胶印效果相媲美的画质（见表3-15、图3-44）。

表 3-15　AccurioJet KM-1 单张喷墨印刷设备技术参数

项目	29 英寸单张纸 UV 喷墨印刷机
色彩处理能力	4 色
打印头	KM1024i
打印分辨率	1200 dpi × 1200 dpi
连续打印速度	单面印刷 : 3000 张 / 小时
	双面印刷 : 1500 张 / 小时
纸张尺寸	585 mm × 750 mm
打印尺寸	单面印刷 : 575 mm × 735 mm 双面印刷 : 575 mm × 730 mm
纸张克重 ×4	75~450 g/m^2

（a）外观

（b）内部构造

图3-44 KM-1单张纸喷墨打印机

（3）KM650cf系列高速喷墨数字印刷系统。

2019年上半年，国内黑白喷墨市场呈现井喷式发展，据不完全统计，仅仅上半年国内安装量达到22台，更有近30套的签约，较过去5年平均年安装量，达500%的增长。柯尼卡美能达在喷墨领域也努力布局，联合合作伙伴，为商业图文及图书出版市场，根据不同的产能与幅宽需求，开发了KM650cf系列四款高速喷墨数字印刷系统（见表3-16）。

表 3-16　KM650cf 系列印刷机技术参数

主要技术参数	
喷头类型	工业级压电喷头
喷墨控制系统	独立开发软、硬件（板卡）系统
最高分辨率	1200 dpi × 2400 dpi
长效不停机生产速度	120 米 / 分（1200 dpi × 2400 dpi）；150 米 / 分（1200 dpi × 960 dpi）
纸卷最大直径	1270 mm（正、反放卷与正、反收卷）
最大走纸幅面	330/450/560/680 mm
最大印刷幅面	322/430/538/645 mm
走纸方式	卷到连线裁切单张 / 卷到卷
印刷方式	黑白双面
墨水类型	环保水性墨水
干燥方式	IR + 热风
检测类型	16K 线阵相机检测
纸张类型	普通胶版纸 / 数码胶版纸
纸张范围	45~165 g/m^2
功率	40 kW
气源	0.6~0.8 MPa
工作环境	温度：18~25℃，湿度 40%~60% RH

产品优势

双喷头设计

KM650cf 系列数码印刷系统是根据工业化长效生产的要求，通过智能化的理念设计研发出的数码印刷系统，采用冗余式双喷头设计。一是实现了高精度下高速生产，保证印刷品质；二是由于实现补点印刷，确保长时间无缺墨、实现不停机生产。有效避免了单喷头容易堵墨、断线对喷墨印刷质量稳定性和维护时间过长造成的困扰（见图 3-45）。

图 3-45　KM650cf 喷墨打印头式样

印刷质量高

KM650cf 系列采用工业级微压电喷头，印刷品质高，双组喷头分辨率可达 1200 dpi×2400 dpi，是目前印刷分辨率最高的连续纸黑白喷墨数字印刷机。其印刷墨色饱和，字体轮廓清晰，再现图像清晰度高。在 1200 dpi×2400 dpi 分辨率模式下可以实现 120 米/分的速度生产，在 1200 dpi×960 dpi 分辨率模式下可达 150 米/分，真正实现高质量印刷生产。

印刷墨色饱和，黑度足够，符合 ISO 胶印 1.2 的密度要求。

喷头自动清洗

喷头具有自动清洗维护功能，方便操作。并且数码喷印系统和视觉系统实行联动，自动调节喷头拼接，自动正、反套印，实时监控喷头状态和喷印质量，检测印刷号码，使整个 KM650cf 系列数码印刷系统实现智能化生产和维护（见图 3-46）。

图 3-46　KM650cf 喷墨打印头自动清洗演示

除尘装置

自主研发的纸张除尘除粉装置能有效去除纸张表面纸粉和灰尘，确保印刷表面清洁，保障印刷质量稳定输出，减少粉尘对印刷质量的影响（见图3-47）。

图 3-47 KM650cf 纸路除尘除粉装置

印刷产能高

针对图文快印，书刊按需印刷等不同市场的需求特点，公司已经推出了330 mm、440 mm、540 mm、650 mm 四种幅面的喷墨数字印刷机。印刷速度最高可达 150 米 / 分，在采用 1200 dpi × 2400 dpi 的高分辨率模式下，印刷速度仍然可实现 120 米 / 分的高速印刷。针对国内书刊常规尺寸设计的各种幅宽的印刷机能够有效使用喷印宽幅，实现各种规格的最大产能（见图 3-48）。

图 3-48　KM650cf 不同幅宽印刷产能对比

配置在线视觉检测系统

配置在线视觉质量检测装置，实现自动检测和维护，快速调节快速生产。实时保证喷印质量，实现生产智能化。而基于自有喷墨驱动技术、印刷控制、视觉检测核心控制技术，研发出的真正可以长效不停机生产的设备，且可以保持 120~150 米 / 分的高速运行，喷、检一体，实现自动调整，实时监控喷印状态，真正实现数码印刷的智造调节。在线视觉检测系统同时可根据扫描图像监控喷头状态，保障印刷质量。

喷头寿命长

采用工业级的压电喷头，按需压电喷头工作稳定、堵墨头概率低、喷头寿命长、后期维护简便、使用成本低（见图 3-49）。

主要应用

KM650cf 系列，定位图文数字工厂、传统印刷厂、出版系统，应用环境包括书刊印刷、商务快印、说明书、试卷印刷、培训资料、教辅教材等。

图 3-49　KM650cf 喷墨打印头式样

（4）柯尼卡美能达打印头。

柯尼卡美能达新研发的先进的喷墨打印头、新研发的 UV 墨水和半色调处理，造就了出色的品质，实现了 1200dpi 的高图像质量（见图 3-50）。

图 3-50　KM650cf 柯尼卡美能达高精度喷墨打印头

柯尼卡美能达原创的字体边缘处理技术可实现出色的文本输出，即使是细小的文字，也可达到较高的清晰度（见图 3-51）。

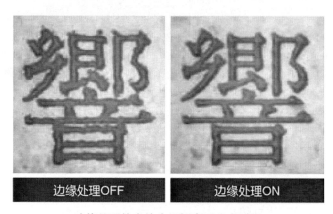

边缘处理OFF　　　　　　　边缘处理ON

边缘处理技术的应用提高了文本质量

图 3-51　KM650cf 边缘处理技术效果

使用传统 UV 墨水会因墨水厚度差异出现光泽或纹理问题，而柯尼卡美能达新研发的 UV 墨水大大减少了这一情况，呈现自然的介质光泽效果。墨水用量经过优化处理，更适合纸张和印刷对象，用户可根据纸张类型、印刷目标、画质要求及成本预算，通过具有较高纸张兼容性的输出设置和三种输出模式轻松调整画质。新研发的 UV 墨水的色域覆盖了 Japancolor 油墨的色域范围（见图 3-52）。

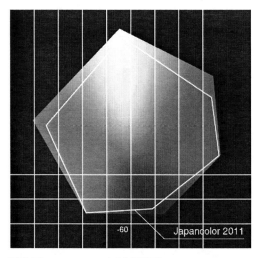

覆盖了 Japancolor 色域范围的 AccurioJet KM-1

图 3-52　KM-1 喷墨印刷机打印色域值

3.3.2.9　小森数字印刷机

（1）小森 ImpremiaIS29UV 喷墨印刷机。

作为将胶印机与数字印刷合二为一、实现（KOMORI-On-Demand）小森按需印刷解决方案的核心设备，将小森公司的输纸技术和印刷机控制技术，与柯尼卡美能达公司的数字印刷技术有效地加以融合后，专业化配置的 ImpremiaIS29 单张纸喷墨式数字印刷机诞生了，几乎和 KM-1 是相同的（见表 3-17、图 3-53、表 3-18）。

表 3-17　小森 ImpremiaIS29UV 喷墨印刷机技术参数

型号	Impremia NS40
标准色数	4 色（C/M/Y/K） 广色域
最高印刷速度	6500 sph
最大纸张尺寸	750 mm×1050 mm
纸张厚度	0.06~0.8 mm
打印分辨率	1200 dpi×1200 dpi

注：sph 意为最大尺寸每小时印刷量。

图 3-53　与柯尼卡美能达 KM-1 构成高度一致的 IS29UV 印刷机

表 3-18　KM-1 技术参数

色数	4 色
油墨	UV 油墨
打印速度	3000 sph（单面印刷）/1500 sph（双面印刷）
最大纸张尺寸	585 mm×750 mm
最大印刷范围	575 mm×735 mm（单面印刷）/575 mm×730 mm（双面印刷）
纸张厚度尺寸	0.06~0.6 mm（单面印刷）/0.06~0.45 mm（双面印刷）
打印分辨率	1200 dpi×1200 dpi

常见的胶印纸即可进行印刷，无须预涂纸或特种纸，并且可以获得高档印刷质量。这对印刷企业来说既节约了纸张成本又提高了印刷质量，可谓一举两得。具备普通纸印刷、双面印刷、快速干燥印张、纸张厚度范围广等特征，可以实现卓越的生产能力和作业效率，能够满足多品种、小批量、短交货期的按需印刷需求。

（2）小森 Impremia NS40 数字印刷机。

作为小森最前沿的数字印刷机，小森 Impremia NS40 数字印刷机具有操作简便、色域广等优势，采用 Landa 公司的水性纳米油墨进行印刷的新一代数字印刷机，支持将胶印与数字印刷融为一体，而且适用于 B1 幅面尺寸，速度可达 6500 面 / 小时，可在包括商业印刷的各个领域呈现优越的印刷性能（见图 3-56）。

图 3-56　小森 Impremia NS40 数字印刷机

Impremia NS40 在德鲁巴印刷展做了技术性发布，现今基于 KOMORI 和 Landa 公司的许可合同、小森公司可在采用 Nanography 核心技术的同时结合小森独一无二的控制技术等，Impremia NS40 数字印刷机准备于 2019 年春季正式在日本国内进行安装测试，也将会陆续在海外进行同样的测试。于 2019 年年末在全球上市。

3.3.2.10 海德堡数字印刷机

海德堡印刷机械股份公司（海德堡）许多年来一直是全球印刷业首屈一指的供应商和可靠的合作伙伴。依据客户群的需求，为其提供定制的产品和服务，以助其实现成功的企业运营，具体来说，主要是帮助客户开展高效可靠的生产、达成经济上的最佳投资以及顺利获取所有必需的印刷材料。业务模式建构于设备、服务和印刷材料这三大支柱之上。

（1）Versafire CV 数字印刷机。

Versafire CV 5 色平张纸印刷机，是海德堡从传统机向数字市场转变的开始，该机除了常用的 CMYK 墨色以外，可以追加一个专色或者特殊油墨，如 UV 油墨（见图 3-57、表 3-19）。

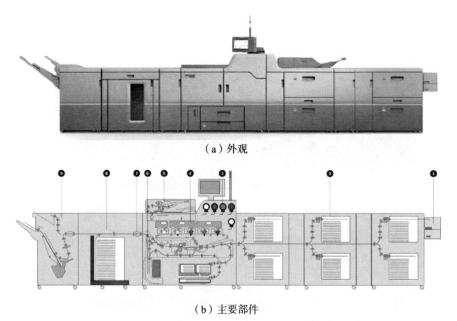

（a）外观

（b）主要部件

图 3-57　海德堡 Versafire CV 数字印刷机

表 3-19 海德堡 Versafire CV 数字印刷机技术参数

设备名称	Versafire CV
主机	1200 dpi × 4800 dpi
	CMYK + 白墨或上光（选配）
	P × P ™无油聚和碳粉
	介质识别单元
	无油弹性带式定影
	定影带平滑辊
	增强型碳粉转印系统
	10.4 英寸触摸屏
	最高 14700 张的纸张的容量
扫描仪	600 dpi
	每分 120 张 A4 纸（单面印刷）
	每分 220 张 A4 纸（双面印刷）
控制器	印通数字控制系统
最小纸张幅面（宽 × 长）	100 mm × 140 mm
最大纸张幅面（宽 × 长）	330 mm × 700 mm
印刷速度	每小时 2700 张 A3 纸或每分 90 张 A4 纸（单面印刷）
印刷承印物	普通纸、高光纸、可回收纸、透明纸、半透明纸、
	标签、信封、胶印预印印张
质量	52~360 g/m^2
质量	最大 600 千克（主机）
尺寸（宽 × 深 × 高）	1.320 mm × 910 mm × 1.218 mm

（2）海德堡 Primefire 106 数字印刷系统。

Primefire 106 数字印刷系统的 Perfect Stack 技术支持分类收纸，确保回收能力和环境可持续性，打印幅宽 70 cm×100 cm，7 色喷墨印刷系统能够以出色的质量涵盖 95% 的 Pantone® 色彩空间，它使用的水基油墨符合 Swiss Ordinance 要求。1200 dpi×1200 dpi 的原始分辨率，每小时产能 2500 张高质量印刷。

海德堡喷墨印刷系统采用经过实践验证的海德堡 Multicolor 技术，可实现真正的工业化数字印刷。将采用富士胶片按需喷墨（Drop-On-Demand Inkjet）SAMBA 技术、海德堡的输纸系统以及全面的印通工作流程进行集成（见图 3-58）。

图 3-58　海德堡 Primefire 106 数字印刷系统

（3）捷拉斯（Labelfire）340连续纸卷筒印刷机。

捷拉斯（Labelfire）340连续纸卷筒印刷机将最新数字印刷技术与传统印刷及其他处理技术的优势相结合，为标签印刷行业树立新的标杆。这款数字联机商标印刷系统是Gallus和海德堡印刷机械股份公司（海德堡）联合开发的，它的印刷模块中采用了先进的喷墨印刷头。数字印刷技术的优势与专门针对数字印刷进行了优化的联机印后加工流程相结合，使捷拉斯（Labelfire）340能够以联机方式完成标签上光、润色和其他处理——从卷材铺开到模切好的成品标签，只需一个生产流程就可以。采用UV喷墨、数字印刷、联机生产和柔版印刷相结合，并且符合Gallus公司严格的套准精度标准（见图3-59）。

捷拉斯（Labelfire）340系统采用了端到端逻辑操作理念，将数字印刷与传统印刷及其他处理功能相集成，只需一个生产流程就可以完成联机标签生产——从空白卷材到成品。捷拉斯（Labelfire）340印刷系统的一个主要优势是出色的灵活性。这款数字印刷系统甚至可以经济高效地生产使用可变数据、不同版本的小印量活件，以标签行业应用居多。

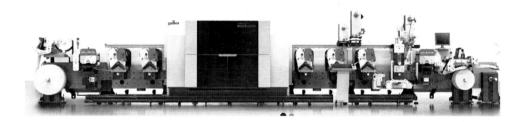

图3-59　捷拉斯（Labelfire）340连续纸卷筒印刷机

（4）Omnifire 4D 印刷机

可以在各种物体上轻松完成直接成型的数字印刷解决方案。消费者想要独特的个性化产品；而生产商依赖工业装饰流程的高效率和灵活性。通过Omnifire 实现的 4D 印刷将先进的喷墨印刷技术和高精度机器人技术相结合。Omnifire 印刷机系列的模块化系统可确保加工不同承印物、表面和应用时的高度灵活性（见图 3-60）。

图 3-60　Omnifire 4D 印刷机

3.3.2.11　方正桀鹰

方正桀鹰 P5000 系列高速宽幅黑白喷墨印刷系统是中国首台自主知识产权的高速、可变、高性价比、高产能、低使用成本的宽幅喷墨印刷系统，给按需图书出版、政府公文、直邮账单可变数据印刷、短版商业印刷等市场带来全新的喷墨印刷选择（见图 3-61、图 3-62）。

图 3-61 方正桀鹰 P5000 数字印刷机产品式样

图 3-62 方正桀鹰 P5200 数字印刷机产品式样

完全自主知识产权的核心技术

方正桀鹰喷墨印刷系统的核心技术基于方正完全自主知识的喷头控制技术、循环供墨控制技术、喷头自动清洗技术、高速并行 RIP 和可变数据处理技术等，以及获国家专利金奖的喷墨调频挂网技术，加上方正几十年积累的深厚中文信息处理技术、工作流程等技术，方正是国际为数不多的拥有喷墨控制系统软硬件完整自主知识产权的系统供应商。

功能强大的方正桀鹰喷墨系统控制器

方正桀鹰系统控制器把各种版面点阵数据送到喷墨系统上进行喷墨输出，并实时监控喷墨系统状态，实时操控管理整个喷墨印刷设备和系统。具备开放的设计架构，强大的高速并行 RIP 阵列具体包括以下优势。

（1）解释输出速度高达每分 2000 页 A4。

（2）支持单色，双色、四色喷墨印刷，支持输入 1 位标准 TIFF 文件。

（3）支持方正自定义可变数据页面点阵格式 EJP，支持输出作业的分色预览和复合色预览。

（4）灵活的用户作业输出控制，包括提交、暂停、恢复、取消，以及多个作业的连续输出等。

（5）实时监控喷墨印刷系统的各种设备，包括输出控制、红外干燥系统随速控制、供墨、喷头运动控制等，并可以实时操控可选的印后设备和在线的图像检测系统。

（6）支持墨量统计功能，可以对作业中任意指定页进行墨量统计和每种墨的覆盖率统计。

（7）完善的喷头系统校准方法和流程、全自动清洁维护系统；全自动随速调节的红外干燥系统。

（8）方便直观的人机交互界面，集成的系统控制，设置操作简单，易学易用。

（9）可选支持 AFP/IPDS 系统控制器。

高产能低成本的数字印刷系统

方正桀鹰 P5000 系列喷墨印刷系统，采用行业领先的高精度工业按需压电喷头，速度达到 200 m/min 或约 2000 页 A4 纸 / 分，喷头可寻址分辨率 600

dpi×600 dpi（最高1200 dpi×1200 dpi），采用连续走纸的印刷方式，介质幅面宽度达到全幅520 mm，实际印刷幅面474 mm。使用水性颜料型或染料型墨水，可在40~165克的普通纸张和喷墨专用纸张上清晰稳定成像，印刷质量媲美传统印刷，并可以满足月负荷最高达4400万印A4纸的峰值印刷业务需求，同时短版印刷的单张成本远远低于激光数字印刷，长版印刷的单张成本也日趋接近传统印刷。

目前在国际上5000册左右的图书印刷都逐渐采用喷墨印刷，在国内3000册以下的中短版印刷，也开始逐渐用喷墨替代传统胶印，另外在图书样书制作、试销图书、说明书、传统黑白印刷图书的补印、培训学校自编教科书和辅导材料、考卷等按需领域都普遍适合喷墨按需印刷，在账单、直邮等可变印刷领域都是喷墨印刷的重要应用领域。另外如果用户利用轮转喷墨高产能低成本的特点，可以建立区域黑白数字印刷加工中心，实现黑白合版印刷，将区域其他数码快印店发展成业务合作伙伴，发展B2B2C按需印刷网络服务模式。

开放的架构、灵活的配置、完善的解决方案

方正桀鹰P5000系列喷墨印刷系统，前端可支持网络印刷系统和方正工作流程系统，可以灵活配置实现单色喷墨印刷系统，并可以升级到双色和四色系统。

方正桀鹰P5000系列采用开放的接口标准，可以在线接驳支持国际标准协议的自动裁切机、堆叠机、折页机、自动装订线等印后设备，可以轻松构建高效率的连线自动化生产环境，并可以支持各种开放的可变数据排版系统，同时也可以支持各种图像检测系统，对印刷内容和质量进行高速智能监管和检测（见表3-20、表3-21）。

本地化专业咨询服务支持

方正桀鹰P5000系列喷墨印刷系统相比国际同类设备具有领先的性能价格

数字印刷全方位

比，同时全中文操作易学易用，方正更有高素质的专业咨询和服务支持队伍随时为用户提供数字印刷整体方案咨询、外包印刷服务中心规划、系统维护维修、保养升级、零备件和耗材供应等本地化快速优质服务。

表 3-20　P5100 产品参数

喷头	工业级按需式压电喷头
分辨率	600 dpi × 600 dpi、600 dpi × 960 dpi、600 dpi × 1200 dpi
印刷速度	最高 100 米 / 分
印刷色组	单色（可升级为双色）
印刷方式	黑白双面（可升级为双色双面）

表 3-21　P5200 产品参数

喷头	工业级按需式压电喷头
分辨率	600 dpi × 600 dpi、600 dpi × 960 dpi、600 dpi × 1200 dpi
印刷速度	最高 150 米 / 分
印刷色组	单色、双色、四色（CMYK）
印刷方式	单色双面、双色双面、四色单面、四色双面

3.3.2.12　其他印刷机厂商

兰达（Landa）推出了一款概念机，控制台很宏大，类似飞机的控制台，内部装有多个摄像头，可以查看设备关键部位的工作状况。

SOLEMA 推出的一款设备专门在书刊切口（前口）处印刷图文，这就降低了印前很大的工作难度，之前如果想达到这种效果，必须由印前将图文设计好，并且计算好出血，而且必须是数字印刷机印刷，正背套准要求非常严格，即使这样也只能做一些简单的图文，稍微复杂一些的效果就不好了，这款直接打印的就方便很多（见图 3-63）。

图 3-63　SOLEMA 书刊前口印刷机

3.3.2.13　关于喷墨印刷的打印喷头

目前国内各设备厂家所选用的压电式喷头大致为:富士、京瓷、理光、赛尔、柯美、精工、东芝、松下、爱普生。对于墨水而言，UV 墨水本身就需要加热，当温度过了 35℃后，通常墨水的粘度随温度的变化趋于平缓，这时喷头内的热量变化对于 UV 墨水的黏度变化影响就相对不太大了。而对于溶剂墨水来说，当温度在 15~30℃之间时，这个阶段内的温度变化对于墨水黏度变化是很陡的，所以溶剂墨水喷印稳定性就差一些。

1. 富士喷头

（1）星光喷头。

在陶瓷机、广告喷绘机、纺织机上的应用出色。在陶瓷机上和广告机上用于溶剂及 UV 墨水的每年用量约四万个，耐用性和适应性很好。

（2）桑巴喷头。

用于喷印精细图案，速度较慢。当打印速度达到 60 米 / 分时，对于大色块有些力不从心。

（3）伽玛喷头。

这个喷头是介于桑巴与星光之间的精度与速度，因这类喷头的单位尺寸上的孔密度较高，在使用中发热量也比较大，当墨水在温度变化较大情况下工作时，它的黏度变化会很大，容易断墨，降低了喷印稳定性。

2. 京瓷喷头

（1）水性分散应用。

京瓷头在这一领域的应用最能表现它的优势。因是打印在纸上，就是启用了 12pl 墨滴量，300dpi 的喷孔物理精度。

（2）UV 墨水应用。

京瓷喷头在 UV 墨水方面的应用是有较好的口碑，主要优势在于精度与速度，高端、高速的 UV 机器，大多选择京瓷喷头。

3. 理光喷头

（1）G5 喷头。

用于 UV 墨水方面已较为成熟，其三个可变墨滴量适合，同时墨滴速度又快，使得画面立体感较强。国内做的较好的 UV 墨水设备大多选择这个型号的喷头，在这一领域上应用的喷头数量约为 3 万个。

（2）GH2220 喷头 。

多用于 UV，也有少量用于涂料墨水的打印，只在一些较为经济型的机型上使用。

4. 赛尔喷头

（1）1000 与 2000 系列喷头。

主要用于陶瓷行业，国内的应用不多。这种喷头带有大流量的循环，对于陶瓷这类较易沉淀的墨水来说十分适用。

（2）1201 喷头。

特点是墨滴小，故在实际应用中无论水性还是 UV 它均可胜任，但是产量优势不明显，市场占有率偏低。

5. 柯美喷头

（1）512i 、1024i、1800i 系列喷头。

i 系列的喷头表现良好，不论是用于溶剂墨水、UV 墨水还是价格均占优势，年用量至少 3 万个。

（2）512、1024 喷头。

一般用于 UV 墨水，做一些经济型的设备，故用量不是很大。

6. 精工喷头

精工品牌在中国市场至少有十多年的应用历史，目前喷头的新品不多。精工喷头的应用领域也是全方位的，在广告、纺织、陶瓷、喷码、印刷、3D 均有它应用的设备，同时它的规格和品种有很多。

7. 东芝喷头

目前东芝喷头用于 UV 墨水上反映较好，而用于溶剂墨水方面还是不太理想，东芝喷头数量较多的设备主要在 UV 机上。

8. 松下喷头

目前国内极少有公司使用，该喷头使用水性涂料墨水，松下喷头的喷头板是用激光螺旋打孔工艺所得，所以它的墨滴速度和形状均好于其他用普通工艺制成的喷头，但其制造成本会增加。

9. 爱普生喷头

（1）DX5。

这是一款质量很好的喷头，国内用量也很大，它所适应的墨水范围也很广，多年的应用经验积累现已达到较为稳定的状态，通过多年的努力，国产喷墨设备与日本喷墨的差距在慢慢地拉近。

（2）XP600。

这款喷头的性价比很高，同时对于墨水的应用广泛程度不差于 DX5 喷头，所以十分受一些经济型小设备厂家的欢迎。只是它的墨滴量会比 DX5 大一些，打印出来的图案会略显粗糙。

（3）PS-5113 及 3200。

这是用 MEMS 薄膜技术制成的新一代喷头，使它对墨水的适用更加广泛。因压电组件制成后，它上面要连接一些供墨组件，故 5113 这部分是用了不耐溶剂的注塑件，而 3200 则是用了可以耐溶剂的注塑件，所以 3200 喷头的应用会更为广泛。

3.3.2.14　印后设备

德鲁巴展会数字印后设备是一大亮点，很多厂商推出了针对数字印后的设备，如 UV，烫金，激光切割（模切），折页锁线机，联动线等。

1. Hunkeler

Hunkeler 是目前国内数字印刷装机量较高的印后厂家，包括在展会上也有很多合作印刷机厂商在用他们的设备做印后展示。Hunkeler 方案有很多：首先是速度和幅面，根据前端印刷机的性能情况选择，速度越高幅面越大就越贵，所以要选择匹配印刷机的产品。之后建议在印刷机后端的折页主干路上开 2 个分支，一个是单独裁切分支，用于少量的但是需要调整尺寸的产品，可以不走主干路，直接分切。另一个是卷到卷，如果后端故障，印刷机端可以不停机，等后端维修好以后继续工作，保证产能最大化。对于 Hunkeler 联动线本身而言，建议采用带栅栏式的，这样有些精装书可以做成折页直接上锁线机，也可以直接胶订，不影响。对于折页式的设备，主要的损耗件一个是分切刀，一个是折痕刀，根据纸张材质和质量的不同，额定寿命会有所减少。Hunkeler 可以提供模块化的解决方案，有更多的功能可供选择，根据实际使用情况来确定（见图 3-64 ）。

（a）内部构造

（b）外观

图 3-64 Hunkeler 折页机

Hunkeler 作为专业的印后设备提供商，尤其是轮转设备印后提供商，有很多方案可供参考。根据自身企业的情况以及所面向的产品，采用灵活的组成方式（见图 3-65 至图 3-79 ）。

图 3-65 Hunkeler 配套印后设备

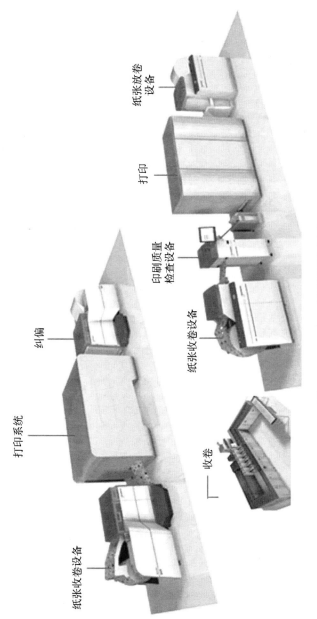

图 3-66　Hunkeler 联线示例（1）

纸张放卷设备

打印

印刷质量检查设备

纠偏

打印系统

纸张收卷设备

收卷

纸张收卷设备

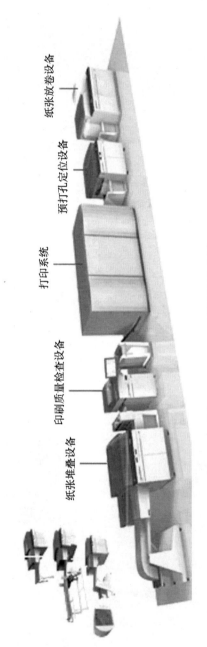

纸张放卷设备

预打孔定位设备

打印系统

印刷质量检查设备

纸张堆叠设备

图 3-67　Hunkeler 联线示例（2）

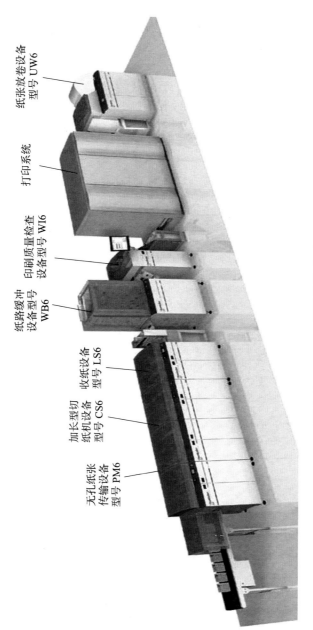

图 3-68　Hunkeler 联线示例（3）

纸张放卷设备
型号 UW6

打印系统

印刷质量检查
设备型号 W16

纸路缓冲
设备型号
WB6

收纸设备
型号 LS6

加长型切
纸机设备
型号 CS6

无孔纸张
传输设备
型号 PM6

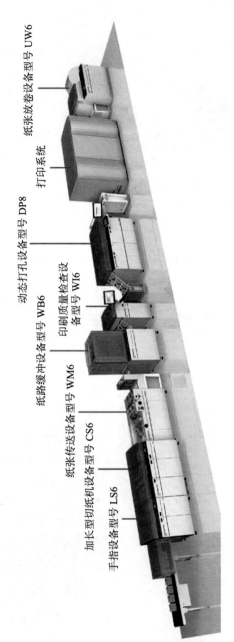

图 3-69　Hunkeler 联线示例（4）

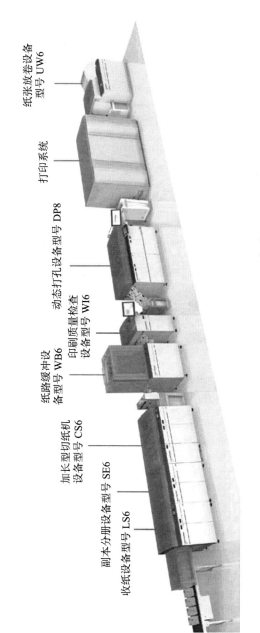

图 3-70 Hunkeler 联线示例（5）

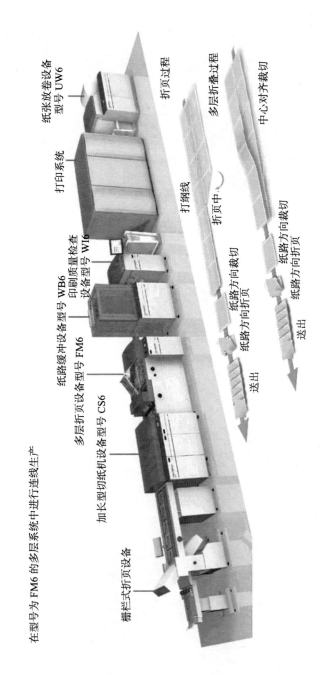

在型号为 FM6 的多层系统中进行连线生产

纸张放卷设备 型号 UW6

折页过程

多层折叠过程

中心对齐裁切

打印系统

打网线

折页中心

纸路缓冲设备型号 WB6

印刷质量检查 设备型号 W16

纸路方向裁切

纸路方向裁切

多层折页设备型号 FM6

纸路方向折页

纸路方向折页

加长型切纸机设备型号 CS6

送出

送出

栅栏式折页设备

图 3-71 Hunkeler 联线示例（6）

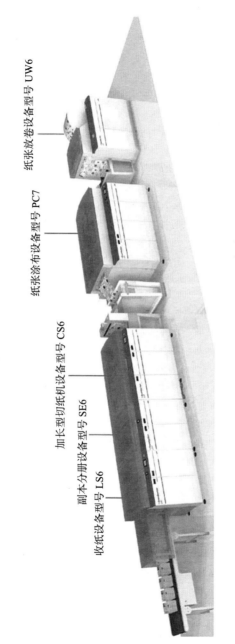

纸张放卷设备型号 UW6

纸张涂布设备型号 PC7

加长型切纸机设备型号 CS6

副本分册设备型号 LS6

收纸设备型号 SE6

图 3-72 Hunkeler 联线示例（7）

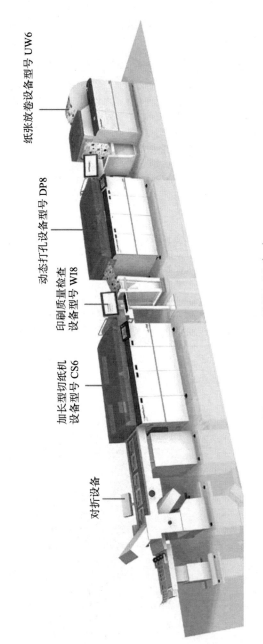

图 3-73 Hunkeler 联线示例（8）

纸张放卷设备型号 UW6

动态打孔设备型号 DP8

印刷质量检查
设备型号 W18

加长型切纸机
设备型号 CS6

对折设备

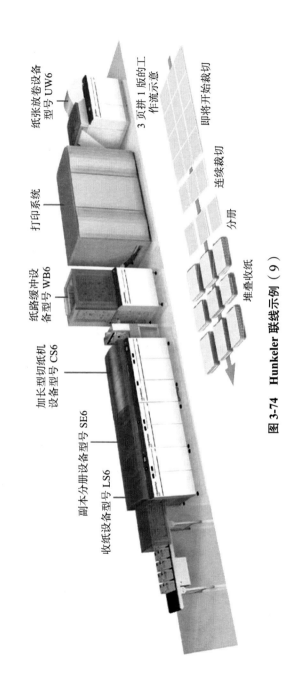

纸张放卷设备型号 UW6

3 页拼 1 版的工作流示意

即将开始裁切

连续裁切

分册

堆叠收纸

打印系统

纸路缓冲设备型号 WB6

加长型切纸机设备型号 CS6

副本分册设备型号 SE6

收纸设备型号 LS6

图 3-74　Hunkeler 联线示例（9）

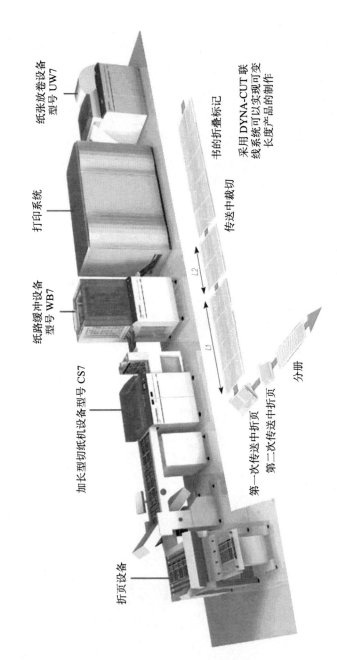

纸张放卷设备
型号 UW7

打印系统

纸路缓冲设备
型号 WB7

加长型切纸机设备型号 CS7

折页设备

书的折叠标记

采用 DYNA-CUT 联
线系统可以实现可变
长度产品的制作

传送中裁切

L2

L4

分册

第一次传送中折页
第二次传送中折页

图 3-75 Hunkeler 联线示例（10）

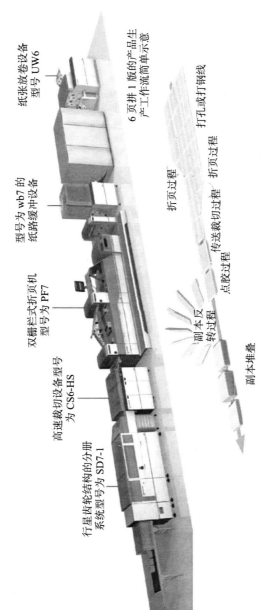

图 3-76 Hunkeler 联线示例（11）

纸张放卷设备型号 UW6

6 页拼 1 版的产品生产工作流程简单示意

打孔或打钢线

折页过程

型号为 wb7 的纸路缓冲设备

传送裁切过程

折页过程

点胶过程

双栅栏式折页机型号为 PF7

副本反转过程

高速裁切设备型号为 CS6-HS

副本堆叠

行星齿轮结构的分册系统型号为 SD7-1

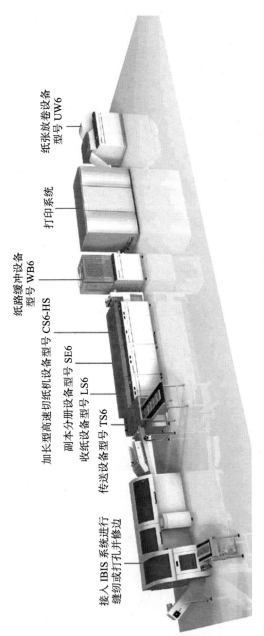

纸张放卷设备
型号 UW6

打印系统

纸路缓冲设备
型号 WB6

加长型高速切纸机设备型号 CS6-HS

副本分册设备型号 SE6

收纸设备型号 LS6

传送设备型号 TS6

接入 IBIS 系统进行
缝纫或打孔并修边

图 3-77 Hunkeler 联线示例（12）

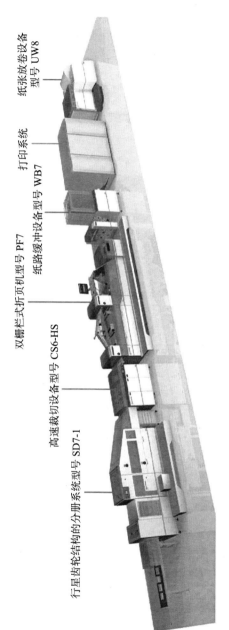

图 3-78　Hunkeler 联线示例（13）

纸张放卷设备
型号 UW8

打印系统

纸路缓冲设备型号 WB7

双栅栏式折页机型号 PF7

高速裁切设备型号 CS6-HS

行星齿轮结构的分册系统型号 SD7-1

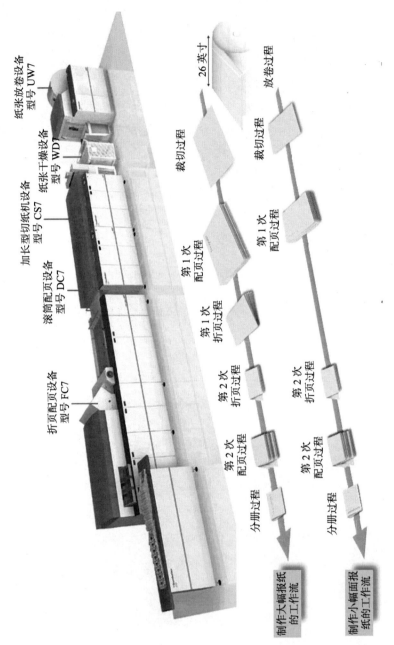

纸张放卷设备
型号 UW7

纸张干燥设备
型号 WD7

加长型切纸机设备
型号 CS7

滚筒配页设备
型号 DC7

折页配页设备
型号 FC7

26 英寸

裁切过程

第 1 次
配页过程

第 1 次
折页过程

第 2 次
折页过程

第 2 次
配页过程

分册过程

制作大幅报纸
的工作流

放卷过程

裁切过程

第 1 次
配页过程

第 2 次
折页过程

第 2 次
配页过程

分册过程

制作小幅面报
纸的工作流

图 3-79 Hunkeler 联线示例（14）

2. 马天尼（Müller Martin）

马天尼（Müller Martin）推出了一款联网可变书芯封面的设备，可以通过联网并且匹配条码，将不同规格的书芯封面一起放进去，设备会依次装订。另外也推出了一些数字印后设备。

3. TECNAU

TECNAU 收购了原来的卷筒前后端设备制造商 LASERMAX，知识产权出版社于 2006 年购买的 NIPPSON 轮转印刷设备的前后端就是由 LASERMAX 制造，质量很好，到目前除了刀具需要研磨之外，还可以正常使用。目前仍在北京中献拓方科技发展有限公司服役，用于处理库存的卷筒纸，将其裁切为生产用纸。TECNAU 推出了几款比较有代表性的设备（见图 3-80）。

图 3-80　TECNAU 收放卷设备

（1）不间断供纸设备 TECNAU Splicer u40，因为喷墨印刷机每次停机或者换纸需要浪费数百米的纸张用于自我调试（佳能公司的 OCE 喷墨设备除外，该设备浪费纸张较少），这样就促使供纸设备的产生不间断。可以同时提供一种纸，也可根据不同的任务提供两种纸，当然浪费纸张的费用何时能抵消设备的购置费用，需要好好地核算（见图 3-81）。

图 3-81　TECNAU Splicer u40 不间断供纸设备

（2）数字印刷可变折页设备 Libra One 与 Libra 800。不同页数的书，不同大小开本的书，设备通过扫码联网，让折页机折成不同尺寸进行装订，真正实现数字印后。

Libra 800 是一款完全自动化的按需装订设备，图书的尺寸、页数、封皮类型等都可以实现个性化，做到本本不同，且有专门的软件控制每本书的装订次序，避免装订过程中产生的人为错误。Libra 800 生产灵活，处理速度可达到 800 本 / 小时，能极大地提升产能，降低人工及纸张成本，开拓更多的业务机会，是短板装订、个性化装订及按需装订的绝佳解决方案。真正意义上的一本起装，按需装订，适合短版及个性化生产（见图3-82、表3-22）。

图 3-82　Libra 800 自动化按需装订设备

表 3-22　Libra 800 自动化按需装订设备技术参数

成品书	软封皮书尺寸	130 mm × 130 mm ～ 297 mm × 306 mm
	精装书书芯尺寸	130 mm × 130 mm ～ 297 mm × 297 mm
	厚度	2 ～ 60 mm
	质量	60 ～ 120 g/m²
书芯	尺寸	140 mm × 140 mm ～ 310 mm × 315 mm
	厚度	2 ～ 60 mm
软封皮	尺寸	280 mm × 140 mm ～ 680 mm × 320 mm
	质量	200 ～ 320 g/m²
精装书脊背衬封皮	脊背衬尺寸	150（H）mm × 190（H）mm ～ 305（H）mm × 305（H）mm
	质量	120 g/m²
	内页尺寸	300（H）mm × 190（H）mm ～ 620（H）mm × 305（H）mm
产能	软皮书	800 本/小时
	精装书芯	400 本/小时

注：H 表示硬（壳书）。

　　Libra One 专为短板书以及按需印书市场而研发，随着近年来长版活的不断缩减，短版后加工解决方案的市场需求越来越大，采用 Libra One 解决方案，可以大大减少纸张的浪费，将图书库存降低至零，降低库存风险。Libra One 处理速度可达 130 米 / 分，生产灵活、运行高效、助力用户开拓更多的业务机会，如限量版图书、新书试版、艺术书刊、研究报告、再版图书、财务报告、各种手册等短版出版物（见表 3-23、图 3-83、图 3-84）。

表 3-23　Libra One 自动化按需装订设备技术参数

最大速度	130 米 / 分
纸张克重	$60 \sim 120 \ \mathrm{g/m^2}$
纸张宽度	$420 \sim 500 \ \mathrm{mm}$
拼版方式	2 - up & 3 - up
书芯最大厚度	50 mm

图 3-83　Libra One 自动化按需装订设备

图 3-84 Libra One 制作的副本

4. MBO 印后设备

MBO 目前有 2 套数字印刷解决方案，一套是 MBO 卷筒纸数字印后解决方案，另一套是 ibis 数字印刷书刊印后装订系统，主推的是 ibis 数字印刷书刊印后装订系统。

（1）MBO 卷筒纸数字印后解决方案。

MBO digital 所有规格的印后模块均可以流畅地直接整合到同一个生产流程中，可直接同数字印刷设备连线生产或者连接一个开卷单元离线生产（见图 3-85）。

图 3-85 MBO 印后模块

（2）PFS 犁式折页单元 /SPM 分离和拼合模块。

① PFS 犁式折页单元。

犁式折页最多可以有 5° 的调节范围，适合敏感纸张，可达到最佳折页精度；该单元配有 4 个可以调节的折页辅助工具；折页头可以调转 180°，因此可以朝 2 个方向折页；配备专门应用于厚纸的特殊折页头；一体化的纵切单元 LCS 可以对纸带进行切边；特殊的弹簧压辊有效减少纸张的单面堵塞。

② SPM 分离和拼合模块。

卷筒纸被纵向分切后，可被分成两路或叠拼成一路进入下道工序（如将传统印刷纸带与个性化印刷纸带合并）；纵向和横向的定位装置可采用手动的方式调整纸带重新定向；采用一体化风箱，气动调整；配备 3 个 LCUM 单元（可裁切毛边和进行纸带分离的纵切单元）。

（3）SHP 800 高堆收纸机（自动更换收纸托盘）（见图 3-86）。

图 3-86　SHP 800 高堆收纸机

特殊真空导纸装置，确保长纸的整齐堆垛，可对堆垛数量和堆垛高度进行灵活调整，生产过程中不间断地自动堆垛和收纸托盘的自动更换（符合欧洲标准的塑料托盘），可进行三联生产。

SHP 800 高速高堆收纸台，将大幅面纸张（四边切边）直接堆叠于托盘上，并可自动更换收纸托盘。高堆收纸装置消除了生产线的停滞时间。操作人员只需要轻松地将空托盘放至指定位置，并在更换下一个托盘之前，将装满纸张的托盘拉出即可。传送过来的纸张，先进入到 SSD 770 鱼鳞式走纸工作站，通过负压前规形成鱼鳞式堆叠，再由纵向、横向的推杆闯齐，形成整齐的堆叠。当收集托盘处的纸张时，堆叠的纸张会暂时进入 SSC 770 工作站，以等待收纸托盘的自动更换。上述工作，即使是在全速生产的情况下，亦可自动完成。同时，由于配备了特殊的真空导纸装置，即使是很长的纸张也可以精确、整齐地实现堆垛收纸（见图 3-87）。

凭借高标准的工业化生产设计，以及坚固的厚达 20 mm 的钢体墙板，SHP 800 高堆收纸装置确保了高速生产情况下的高耐用性、高可靠性和高稳定性，即使在满负荷 7 天 ×24 小时连续运转的情况下，亦能保证最佳的产品质量。

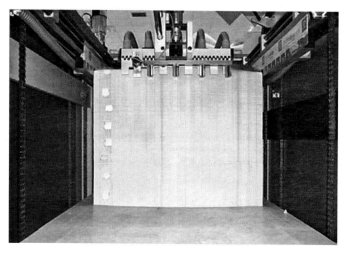

图 3-87 SHP 800 高堆收纸设备

（4）UW 52/770 高端开卷装置。

MBO 高端开卷装置 UW 52/770 可对最大直径达 132cm（52 英寸）的纸卷进行开卷处理。UW 52/770 开卷装置拥有摆动式纸张张力控制系统和伺服电机驱动的中央驱动系统，因此能够便捷地与其他各种卷筒纸设备（如数字印刷机、卷筒印后处理装置等）相连接，实现联线生产。UW 52/770 开卷装置配备有一个电动纸卷升降器和一个多功能接纸平台，该平台能够用于快速黏接两个纸卷。操作便捷，从而大幅缩短了开机准备时间。凭借厚达 20 mm 的钢体墙板设计和强有力的链条驱动系统，UW 52/770 高端开卷装置不仅能够保证稳定、连续的生产，还能保证在 7 天 ×24 小时满负荷生产情况下极长的使用寿命。

在 UW 52/770 开卷装置出口附近，可选装 WG 520/770 卷筒纸纠偏导向系统，以实现纸张侧边的智能定位，从而保证印后处理工序的顺利实施（见图 3-88）。

图 3-88　UW 52/770 高端开卷装置

（5）ibis 数字印刷书刊印后装订系统（见图 3-89）。

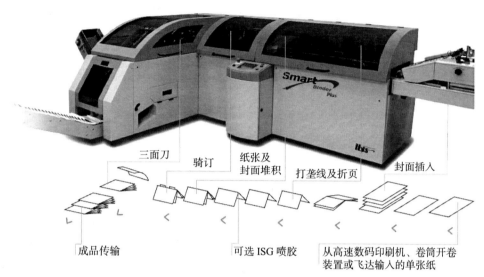

图 3-89　ibis 数字印刷书刊印后装订系统

① Smart-binder 系列。

Smart-binder 系列是基于 IBIS 公司在 2004 年制造的骑马订设备基础上发展起来的。SB-1 和 SB-2 仅可以进行骑订生产；SB-3 和 SB-4 除骑订外，还可进行 ISG 喷胶生产。

SB-4 和 SB-5 除可进行骑马订书本外，还包括了一套用于厚书生产的胶装设备。SB-4 的胶装部分位于骑订之后，SB-5 的骑订和胶装部分是完全分开的。

ibis 公司成立于 1999 年，总部位于英国，依 Smart-binder 品牌数字印后设备，ibis 已经成为全球数字印后书刊装订系统的领先供应商，在全球数字印后市场享有盛誉，可为客户提供适合自身需求的解决方案。关注高速卷筒纸数字印刷的印后，可提供联线和离线两种不同的解决方案，同时，也可以为单张纸数字印刷机提供书刊印后解决方案。在这条生产线上，既可以生产胶粘订的书册，也能生产骑马订的书册。ibis 国内的产品渠道由 MBO 负责。

② Smart-binder SB-1、SB-2 和 SB-3。

针对高质量骑马订的书本，在运行书帖上加封面，SB-3 配有可进行骑马式胶订的 ISG 喷胶系统，可升级至 SB-4 或 SB-5（见图 3-90）。

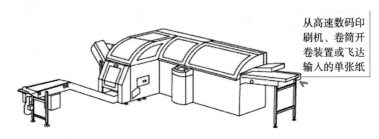

从高速数码印刷机、卷筒开卷装置或飞达输入的单张纸

图 3-90　Smart-binder 骑马订设备

③ Smart-binder SB-4 一站式服务。

高度灵活的书本装订系统，用于采用骑订装订的书本、采用骑马式 ISG 喷胶装订的书本、采用对以 ISG 喷胶方式产出的书帖进行胶装生产的书本，在线厚书三面切（见图 3-91）。

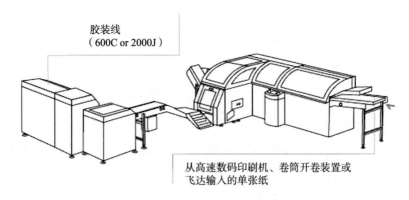

胶装线
（600C or 2000J）

从高速数码印刷机、卷筒开卷装置或
飞达输入的单张纸

图 3-91　Smart-binder 装订系统

④ Smart-binderSB-5 一站式服务。

高度灵活的书本装订系统，用于采用骑订装订的书本、采用骑马式 ISG 喷胶装订的书本以及传统胶装书本，在线厚书三面切（见图 3-92）。

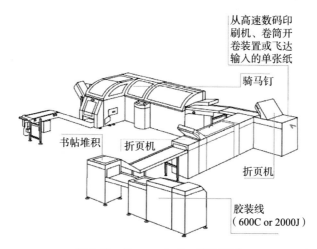

图 3-92　Smart-binder 装订系统

⑤ 胶装机 PB-600S。

400 本 / 小时，用于与中速数字轮转印刷机和卷到单 / 堆积机设备的联线生产（见图 3-93）。

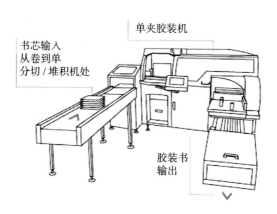

图 3-93　Smart-binder 联线胶装机

⑥胶装机 PB-600C。

400本/小时，用于与切单张数字印刷机的联线生产，书本厚度可变，因幅面变化而选用不同的折页设备，Smart-binder 骑订机产品，铁丝骑马订，最大厚度达 10mm。骑马式 ISG 喷胶装订，最大厚度达 10mm，方形书背书本，采用热、冷胶工艺，最大厚度达 60mm（见图 3-94）。

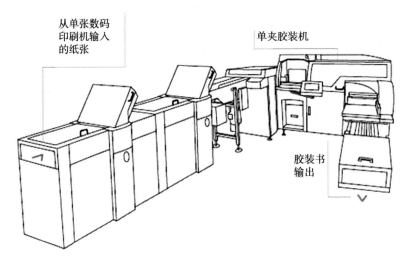

从单张数码印刷机输入的纸张

单夹胶装机

胶装书输出

图 3-94　Smart-binder 联线胶装机

⑦胶装机 2000JC。

1500本/小时，用于与高速数字轮转印刷机和卷筒切单张设备的联线生产，Sprint-binder 胶装机产品，方形书背书本，采用热熔胶或仅采用 PUR 胶生产，最大厚度达 60mm（见图 3-95）。

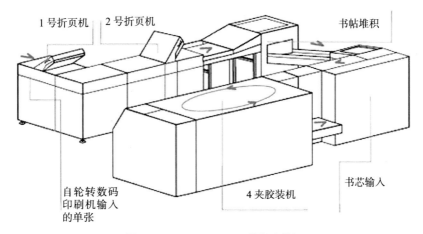

1 号折页机　2 号折页机　书帖堆积

自轮转数码
印刷机输入
的单张

4 夹胶装机

书芯输入

图 3-95　Smart-binder 联线胶装机

5. C.P.bourg（博格）

C. P. bourg 主要为离线小型设备，由 BSF 飞达输入系统 +BPM 纸张处理 + BBC 编书机 + BB3102 无线胶订 + CMT330 三面裁刀连线系统（见图 3-96、表 3-24）。

博格无线胶订机 BB3102 是一款针对中短版生产环境的全自动胶订系统。在不到六分的时间内，操作者可将多达 120 个书芯装入 BBL，便可以执行其他任务，如打包刚刚生产出来的书，BB3102 可在无人照管的情况下运作长达 25 分（见图 3-97）。

BB3102 能够使用 EVA/ 热熔胶或 PUR-C 胶黏剂系统，这取决于客户的需求。

根据工作需要运行 C.P. 博格利用 PUR 或 EVA / 热熔胶生产出整本书。PUR 胶黏剂系统在可用装订胶中是最耐用灵活的。它是生产平装书及如照片书的按需全色印刷材料的理想胶黏剂系统。

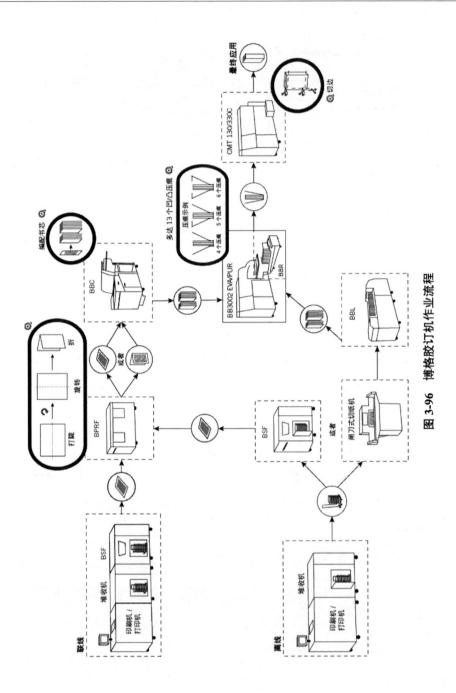

图 3-96　博格胶订机作业流程

EVA / 热熔黏合剂比 PUR 更便宜、黏接更快，但是耐用性、弹性较差。这就是 EVA / 热熔粘合系统拥有最佳投资回报率，用来生产按需印刷品、医疗处方书籍和各种各样的书籍比较理想的原因（见图 3-98）。

图 3-97　不同热熔胶的胶装效果

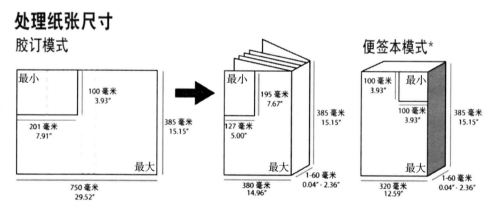

图 3-98　博格无线胶订机最大成品尺寸

表 3-24　博格无线胶订机 BB3102 EVA/ 热熔胶 / 紧凑型 PUR

介质	最大速度	600 周期 / 小时 400 本 / 小时
	封面	
	封面纸张克重	80~300 g/m²
	内页 * * 由于固化时间，便签本模式不适用于 PUR 版本	
	铣背深度	0~3 mm（0~0.11 英寸）
	纸张克重	60~100 g/m²
物理参数	BB3002 尺寸 （长 × 宽 × 高）	202 cm × 241 cm × 150 cm（79.52 英寸 × 94.49 英寸 × 59.05 英寸）
	BBL 尺寸（长 × 宽）	335 cm × 80 cm（131.89 英寸 × 31.49 英寸）
	BB3002+BBL 质量	1150 kg（2 500Ibs）
	胶温范围（EVA）	130~180℃（266~356 ℉）
	封面站容量 / 封面堆高度	80 mm（3.15 英寸）
	载入容量	120 书芯
	BBR 容量	700 mm（27.56 英寸）
电气参数	BB3002 离线电源	208/220V ± 10%，60Hz，3 相 3 角，12A 220V/230V ± 10%，50Hz，3 相 3 角，12A 380V/400V ± 10%，50Hz，3 相星，无零线要求，12A
	博格上书机电源	230V ± 10%，50Hz，1 相，1.5A 120V ± 10%，60Hz，1 相，3A
选购件 / 附件		可连接的设备和模块
	条形码 急救包 封面双张检测 博格收书模块（BBR）	裁书机 CMT-130（CMT-130） 三面切书机，CMT-330C（CMT-330C）

6.好利用（Horizon）

好利用的印后设备产品线较长，胶订机、三面切书机、订折机、裁刀、配页机、折页机等一应俱全（见图3-99）。

图 3-99　好利用胶订机

BQ-470 是目前数字印刷企业的主流装订设备，可以联线生产也可以离线生产，装订厚度 1~65 mm，可以装订 630 mm 宽封面，带勒口的书籍，适应市场上的主流书籍的装订，即将推向市场的 BQ480 在性能参数上有更大提升（见图 3-100）。

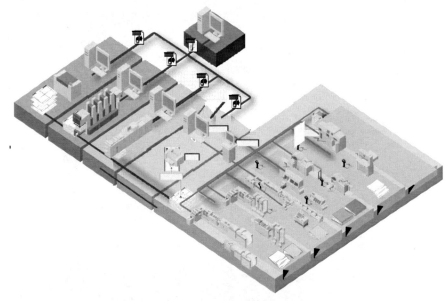

图 3-100　好利用数字化胶订联线系统

7. 精密达

深圳精密达智能机器公司是深圳市精密达机械有限公司为适应新兴技术发展和战略布局而成立的全资子公司，公司位于深圳国家级高新区内，精密达母公司（精密达机械）成立于 1994 年，是一家为印刷企业提供图书装订解决方案的国家高新技术企业。目前精密达产品涵盖传统印刷和数字印刷两个方向，包括无线胶订、骑马装订、锁线装订、数字印后装订等系列产品，提供一站式图书装订系统解决方案。JMD 推出了一款 Digital Robot 2000C 数字机器人（PUR版），可变数据包本成书，自动测量书芯厚度，做到一本一样。真正实现用户只需将数据输入或读取到书芯规格数据后，轻松实现"一键出书"。

Digital Robot 2000C 数字机器人所具有的独特优势：人性化的操作界面和错误诊断系统，使操作变得灵活简单；仅需将书芯、封面及其他参数输入触摸屏，机器的设置即可自动完成。书本规格发生变化时，最快可在 15 秒内完成调整；大部分的重要部件都采用伺服电机和气动系统驱动及控制，使得所有的调整可以按照前端设备发射的信号或操作者在触摸屏输入的信号，全自动地实现；能够适应散页书芯，浆背书芯和锁线书芯等不同材质的书芯；通过特定模块，以及扩展 JDF 装订控制系统，可灵活地与各种数字印刷机及前道功能设备无缝衔接并组成全自动数字印刷生产线（从纸卷到最终的成品书）；既可联线生产，也可以独立运作，满足各种生产需求；可灵活更换的 PUR 上胶装置及 EVA 上胶装置（见表 3-25、图 3-101）。

表 3-25　Digital Robot 2000c 数字机器人技术参数

机器型号	Digital Robot 2000C
书夹器数量	4
机械最高速度	1600 c/h
书芯长度（a）	140~320 mm
书芯宽度（b）	120~270 mm
书芯厚度（c）	3~50 mm
封面长度（d）	140~450 mm
封面宽度（e）	240~600 mm
总功率	28 kW

注：c/h 代表每小时标准动作，可理解为 1600 本书 / 小时。

图 3-101　Digital Robot 2000c 胶订系统

8. 梅凯诺（Meccatec）

梅凯诺（Meccatec）是来自意大利的印后设备制造商，本届联动线的印后设备来自意大利的厂家较多（见图 3-102）。

图 3-102　德鲁巴印刷展上的梅凯诺展台

Universe Sewing Sheet-Fed 平张纸进料机是自动书本折配锁线一体机，设计上具有高性能、更多功能并更符合人体工程学。印张进料速度达到 A4 幅面 500 张 / 分，锁线速度最高 10000 帖 / 小时。Universe Sewing Sheet-Fed 一体机包含印张进料、压纸及折页、配页和锁线四个进程。解决方案允许短版运行的成本效益并能够保证生产高质量的书本。

Universe Sewing Web-Fed 卷筒纸进料机是书本自动折配锁线一体机，它是梅凯诺集团为锁线机创造出的革新产品，是从卷筒纸直接加工为书本的解决方案。该解决方案将卷开、切纸、印张缓存及进料、压纸和折纸、配页和锁线等过程一体化执行。

书本印后加工生产 Inline，机台可以加工多种形式的书本，既可以为精装书做书芯也可以直接上软封面，可以处理锁线书本，也可以处理胶装书本。通过模块化的结构，使该生产线具有连续的几个机台，根据最终用户的需求来订制最后的组合。

目前国内使用较多的是由阿斯特代理的自动书本折配锁线一体机。对于折页锁线设备，建议在资金睥情况下安装一台，尤其是平张纸锁线设备。因为价格上卷筒纸的折页锁线设备价格要高，另外使用场景不同。一般数字印刷承接的精装业务多是一些小批量多品种的，如知识产权出版社出版的《明清别集丛刊》，上海交大的《日本汉文史籍》，北京出版社的《文渊阁四库全书》。这些书有个共同的特点，就是这一套书大概有几十种，每种只印几本至几十本。这样一来，总量就会是上千本，虽然听起来数量很大，但是这种业务传统印厂不愿意接，因为印刷成本高，所以只能数字印刷，但是制作过程中折页就成了大问题，常见的做法是手工折页（这样做质量把控容易出现问题）。所以能够有一台这样的折页锁线机就能解决大问题，因为折页这个阶段的工作并不包含过多技术含量。

Universe Sewing 印张进料机，是自动书本折配锁线一体机，设计上具有高性能、更多功能并更符合人体工程学。印张进料速度达到 A4 幅面 500 张 / 分，而锁线速度最高达到 10000 帖 / 小时（见图 3-103）。

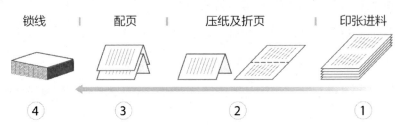

图 3-103　梅凯诺数字折页机工作原理

　　GigaLynx 双向顺序查帖照相系统通过读取条码或者图像来控制书帖顺序（见图 3-104）。

图 3-103　梅凯诺数字折页机

9. 视高迪（Scodix）

　　视高迪（Scodix）公司是图像传媒行业中领先的数字增效设备制造商，为印刷商和包装商等提供先进的印刷设备，赋予其产品真实可见的高附加值。

Scodi× 的多样化工具可扩充产品组合。

Scodix S、Scodix Ultra 和 Scodix E106 ™ 系列印刷机具有以下功能和应用：

Scodix Sense ™ 通过浮凸装饰为印品注入清新细腻的纹理和触感；Scodix Foil ™ 数字烫金，兼容冷、热烫数字金箔；Scodix Spot ™模拟并优于丝网印刷；Scodix VDP/VDE ™可变数据印刷（带条形码），实现个性化；Scodix Metallic ™实现金属色效果；Scodix Braille ™创建高质量的盲文；Scodix Glitter ™数字化、喷墨式实现闪粉特效；Scodix Crystals ™通过叠加印刷，实现真正的 3D 闪烁特效；Scodix Cast&Cure ™创造具有高视觉冲击力的 3D 全息影像；Scodix 所有的应用功能都能集成在单台 Scodix 数字增效印刷机中。

Scodix 的金属成像技术，其金银的颜色、凹凸、光滑、底纹效果就是一次走纸完成的，所看到的金属颜色只是运用常规的 CMYK 四色进行印刷，最终在 Scodix 增强技术的渲染下，达到了烫金般的效果，运用这个技术将以前制作金属效果的工艺过程大大简化。对于一些需要立体凹凸效果的印刷品而言，印前人员利用图像处理软件将凹凸区域做成专色版，然后输出分色版及专色版，专色版由于印刷的密度不同，最终导致印刷出来的图像表层高度不同，从而达到有凹凸不平触感的效果。虽然在纸上看到的颜色都是透明的，但是通过特殊增强效果处理以后，即聚酯附着在这些区域以后，厚度得以控制，使印品表面光泽度更高，颜色更加鲜艳。印刷的聚酯厚薄的变化是通过数据控制来实现的，控制简单方便（见图 3-105）。

目前对于产品同质化严重的企业而言，做出特色做出优势是十分必要的。产品同质化严重的今天，客户越来越要求个性化的产品制作，能占领这块高端市场就能攫取更多利润。

图 3-105　视高迪（Scodix）数字 UV 设备外观

10. 科恩（Kern）

科恩（Kern）的设备以直邮系统为主，其推出的信封封装系统，可以将 3 种不同大小的印刷品，总计不超过 8 张 A4 纸折好以后装入带窗的信封并封口。这些印刷品内容可以是可变的，设备通过摄像头读取印刷品上的条码来自动封装。用户可以考虑承接相关账单业务，将这个设备用于信封投递业务，一些人工装封方法，从效率上和准确性上都要差一些。这个设备在展会上当地价格大约为 80 多万人民币，但是国内有类似的设备，价格会低很多，这个可以作为一个参考（见图 3-106）。

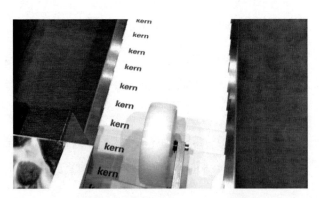

图 3-106　科恩（Kern）直邮系统

11. MGI

MGI 公司业务涵盖面比较广，其主要还是从油墨的基础上研发了多种特殊油墨，来提供数字化的上光和烫金功能，还有更多效果，和 SCODI× 产品类似。MGI JETvarnish 3D 系列连线生产设备开启了数字 UV 上光、烫金工序之门，一次走纸可同时完成局部可变数据的上光与浮雕烫金效果；同一种光油可同时兼顾 2D/3D 上光、烫金三种工艺的使用，切换作业无须换光油；设备兼顾 B1/B2 等多种幅面，高效产能，既可实现一张起印的上光烫金作业的灵活生产，又可进行工业化的规模生产。JETvarnish 3D 系列设备同时配备了 MGI 最新开发的 AIS 智能图像扫描套准系统，可有效地处理因图像整体或局部变形、扭曲、歪斜所带来的套准问题。AIS 系统会对上光对象进行整体扫描，根据图像变化，相应调整上光的位置，实现精准套准（见图 3-107 至图 3-110）。

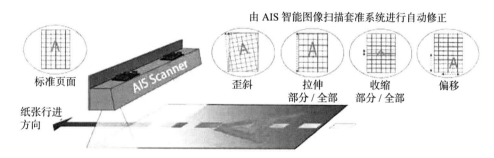

图 3-107　MGI JETvarnish 3D 自动修正示意

图 3-108　MGI 制作 UV 样例 1

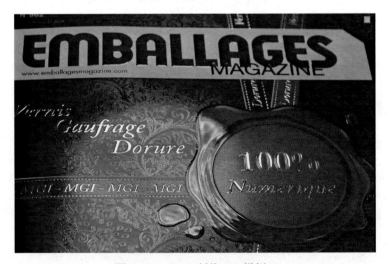

图 3-109　MGI 制作 UV 样例 2

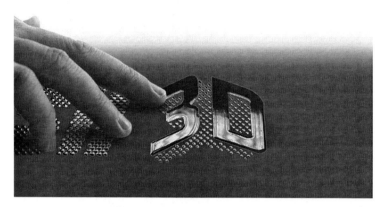

图 3-110　MGI 制作 UV 样例 3

3.3.2.15　其他设备

1. 3D 打印设备

3D 打印设备各厂家产品很多，有的是大厂的衍生品，如惠普的设备，也有专门从事 3D 设备研发的。德鲁巴展会上 3D 设备的应用范围又有所扩大，无论在军工还是民用上都有了更为广泛的应用，有家国内的私立妇产医院购买了一台，专门为产妇打印不同月份胎儿的状态，可以说是一种高端化的个性服务。而且 3D 打印的技术应用也越来越"傻瓜化"，复制产品的话不用复杂的建模，只需把产品放在扫描器或者 360° 摄像室里，几分就可以建模完毕，剩下就可以选材料打印了，甚至可以按比例复刻一个人的模型（见图 3-111）。

图 3-111　惠普（HP）3D 打印设备

2. CMC

这家企业主要是为电商服务，其开发的可变包装解决方案很有创意，就是设备通过扫描产品的长宽高，自动裁切相应的纸板尺寸，达到包装的最小化和紧固化。可以方便运输，降低物流成本。现在软皮书通常采用塑料袋包装，但是精装书通常要用纸盒包装，否则经过长途跋涉很容易磕坏边角甚至摔散开。这种定制化包装可以根据书的大小和册数（厚度）量身包装，减少物流环节损失。可以针对图书库房，按照每个客户订单需求，按照发书量，制作不同规格纸箱。主要可以应用在京东和亚马逊等电商物流环节，尤其在当前纸张价格飞涨的环境下，可以节省包装使用量（见图 3-112）。

图 3-112　CMC 可变包装系统

3. 兰达（LANDA）（见图 3-113）

（a）外观

（b）内部构造

（c）侧面样式

图 3-113　兰达公司的概念机样式

3.4 数字印刷行业存在的问题

第一，设备老化速度快，故障率随着使用年限而增加。数字印刷设备不像传统印刷机那样稳定，像早期的海德堡印刷机使用 20 年以上没有问题，而数字印刷机的寿命通常只有 5~10 年。而且这些进口的数字印刷设备多半是以国外纸张为介质的，国内纸张对设备寿命和稳定性产生了很大影响。但是国外纸张的价格和供货期不能和国内相比，所以只能采用国内纸张。

第二，因为没有相关的行业机构进行指导，没有类似传统印刷那样的工价，且行业进入门槛低，导致数字印刷行业竞争激烈，价格战白热化，伴随着京华虎彩、九州迅驰、中图等企业陆续引入喷墨生产线，将数字印刷行业的产品报价价格进一步下探。

第三，因为数字印刷产业从快印行业逐步发展而来，所以其印刷费用通常包含纸张费用，这点与传统印刷厂有所不同。通常出版社等大客户在有印刷业务时，会自己调纸给传统厂，所以纸张的价格对于传统厂而言并不敏感，然而对于数字印刷企业，因为纸张价格包含在工价之中，就造成了价格的不稳定。同时，随着部分纸商对市场纸制品的控制，导致数字印刷企业夹在纸商和客户之间，生存空间十分狭小。

第四，目前我国数字印刷行业与国外相比仍然存在很大差距，一是缺少系统的行业标准，目前就数字印刷行业来讲没有一套系列的规范的行业标准，产品是依据传统印刷标准来衡量的，因此很多质量和工艺要求是缺失的，不能对数字印刷领域实现全覆盖，因此制定一套可操作的标准化数字印刷生产和工艺质量标准迫在眉睫。二是数字印刷为客户提供的边缘增值服务不多，导致业务单一、市场狭窄、利润空间有限，因此规模化数字印刷企业发展缓慢。但很多传统印刷企业已经意识到数字印刷的发展趋势，很多厂家已经介入进来，完善自己的服务缺失。

基于以上原因，数字印刷企业一定要明确发展方向，要有超前思路，要有自己的特色，不能盲目追随，单靠降低价格吸引客户，那样只能短期维持，不能持续发展。

数字印刷印后设备根据工艺要求和产品要求采用的设备不同，且印后设备品种繁多，设备价格参差不齐，把握最终产品工艺和质量至关重要。

对于针对出版社等大客户的卷筒纸高速喷墨数字印刷技术，其速度更快、周期更短、墨水也不同于传统油墨，目前各大印刷厂和出版社都在逐步引进。实际应用中，由于喷墨用纸是需要经过表面涂布的特殊纸张，目前国产纸张中只有本白和高白两种颜色的胶版纸可以选择，而编辑们喜爱的纯质纸、轻型纸、道林纸等尚处于研发阶段，还不能用于数字喷墨印刷，对数字喷墨印刷新技术的推广产生了一定的影响。

第五，知识产权保护方面工作还存在欠缺，知识产权出版社有限责任公司对印刷品的知识产权保护是很敏感的，其加入了国家数字复合出版系统工程，与同样参与其中的北京中献拓方科技发展有限公司进行碎片化数据传输测试，结合 JDF 方案，使得数字印刷一方（中献拓方）保存 90% 的碎片化印刷文件数据，客户一方（知识产权出版社）留存完整数据及 10% 碎片数据（钥匙）。通过 JDF 设定印装套数后，只需很短的时间传送剩余 10% 的数据，就会合并成完整数据发送至设备进行印刷，数字印刷的一方无法打开和查看传播印刷数据。即便如此，因为数字印刷机打印接口的限制，不能保证所有数字印刷机都可以使用此方案。另外，如生产过程中发生设备故障以及产品损坏，迁移数据也是相对耗时的问题，还需要从根源上增强人们的知识产权意识。另外是否所有数字印刷厂商会按照"五项制度"进行生产，不制作含有违反出版物管理规定的产品，因为小批量印刷品的快进快出，很难控制。

第六，出版物的印刷手续上，往往传统印厂一次印刷几千册时，只需上报一次印刷委托书即可，但是对于随用随印的数字印刷而言，目前的印刷委托书上报方式无疑增加了业务和客户的工作，需要在技术上以及政策上予以支持。

按照国家广播电视总局要求，为进一步落实承印验证等五项管理制度，规范印刷经营秩序，打击侵犯知识产权和非法出版活动，根据国务院《印刷业管理条例》和新闻出版总署《印刷品承印管理规定》《关于使用全国统一〈图书、期刊印制委托书〉的通知》要求，就执行《图书、期刊印刷委托书》制度的有关事项，重申强调如下：

（1）图书、期刊出版单位委托印刷企业印刷图书、期刊，必须使用全国统一格式的《图书、期刊印刷委托书》，并按规定内容认真填写《图书、期刊印刷委托书》。

（2）出版单位每个品种委托印刷（包括重印、加印）均需按规定填写《图书、期刊印刷委托书》。排版、制版、印刷、装订各工序不在同一印刷企业的，必须分别向各接受委托印刷企业开具《图书、期刊印刷委托书》；如果委托省外印刷企业印刷图书的，其《图书、期刊印刷委托书》必须加盖省新闻出版局印刷复制备案专用章。

（3）印刷企业接受委托印刷图书、期刊的，必须验证并收存盖有出版单位公章的《图书、期刊印刷委托书》，其中，接受省外出版单位委托印刷图书、期刊，其《图书、期刊印刷委托书》必须加盖出版单位所在地和印刷企业所在地出版行政部门的备案章；接受委托印刷期刊增刊印刷的还必须验证并收存出版行政部门批准出版增刊的文件。

（4）印刷企业接受委托印刷内部资料性出版物的，必须验证并收存新闻出版行政部门核发的《内部资料性出版物准印证》，其中，如果印刷宗教内容的内部资料性出版物，还必须验证并收存省宗教事务管理部门的批准文件。

（5）印刷企业接受委托印刷境外出版物的，必须验证并收存省新闻出版局的批准文件和有关著作权的合法证明文件；印刷的境外出版物必须全部运输出境，不得在境内发行、散发。

（6）出版单位和印刷企业要牢固树立政治意识、大局意识和责任意识，切实履行社会责任，健全内部管理制度，落实专人，明确责任。出版单位作为责任主体，必须带头执行委托书制度；印刷企业要坚持承印验证制度，自觉维护印刷经营秩序。对违反管理规定，不按要求使用《图书、期刊印刷委托书》的出版单位和印刷企业，新闻出版行政管理部门应依法视情节轻重，给予警告、通报批评、停业整顿的行政处罚；对翻印、伪造《图书、期刊印刷委托书》进行非法出版活动，构成犯罪的，依法追究其刑事责任（见图3-114、图3-115）。

图3-114　新闻出版主管单位印刷委托系统

图书期刊印刷委托书

No: (京) 2018667704
社内编号：201800332

书　名		北京市基础教育发展报告	租　型		否
出版单位（委托方）名称		知识产权出版社	地　址		北京市海淀区阜门桥西土城路六号
委托内容		封面印刷、内文印刷、装订、制版、排版	绿色印刷		否
印刷企业（受托方）名称		北京中航拓方科技发展有限公司	地　址		运城街甲6号
总发行单位名称			地　址		
国际标准书（版）号或统一书号		ISBN 978-7-5130-5551-2	版　次		第1版 第1次印刷
开本	16开	印　数（册）　500		著译者	杨娟 王骏
页　数（页）	364	印　张（个）　22.75		责　编	王辉
字　数（千字）		定　价（元）　96		责　编	
排版	原稿页数		版　式		
	正文用字		校样份数		
制版	图稿数量				
	图版色数		（阳图片、树脂版、铜版、锌版）　块（张）		
印刷	用纸规格		印刷方法		数字印刷
	用纸数量（令）	24	印完日期		2018-06-29
装订	装订方法				
	装订册数		交书日期		2018-07-06
委托方经办人姓名		孙婷婷	联系电话　82000860-8370	身份证号码	
受托方经办人姓名		雷励	联系电话　67889166-8236	受托日期	2018-06-22
是否为重大选题		否	批复文件号		
备注					

出版单位（委托方）所在地省、自治区、直辖市新闻出版局备案盖章： 经办人： 　　年　月　日	印刷企业（受托方）所在地省、自治区、直辖市新闻出版局备案盖章：	印刷企业（受托方）盖章：	出版单位（委托方）盖章：

图 3-115　图书期刊印刷委托书样例

3.5　数字印刷增值服务

什么是增值服务，笔者认为为客户提供的超出正常服务范围的服务，或者采用超出常规的服务方法提供的额外服务，并收到相应回报的服务可以称之为增值服务。于印刷业而言，增值服务无论是显性或隐形，但一定可以带来收益的，也必然能够为企业带来更多的客源与业务。

3.5.1　商务领域增值服务

在商务领域数字印刷原本已经可以提供个性化印制，包括家庭照片书、台历、二维码、胸牌等等。但这仅仅是最原始的服务，也仅仅可以拿到印刷的利润。要想有更多的盈利，就要在承接项目里动脑筋。例如，某公司承接批量亚克力树牌制作，原本是印上书名及简介即可，成本几元钱，但是通过沟通，将树牌内容增加了二维码，直接链接百度百科，提供更为详尽和专业的树种介绍，当然这也需要和百度公司进行沟通和授权。另外附赠了捆扎带，可以满足不同直径树木的捆扎要求，同时根据各公园的树木种类配备好不同树牌，分别装箱并附带装箱单和箱标签，方便取用。为防止亚克力运输刮伤特意增加防护膜，同时承诺在技术人员指导下协助捆扎。这样几元钱的普通树牌加价了 10 元钱，几十万的业务变成了一百多万。这是典型增值服务的案例。

3.5.2　出版市场增值服务

大家知道传统出版是印刷厂按照出版社下达的任务完成委印单规定印数，

然后送货到库房，由分拣员按照订单进行配货，由运输公司发往全国各地。而按需出版采用数字印刷的方式以后可以完全不用实体库房，而采用虚拟库房，出版社依据订户需求下单，印刷完成后直接配送，从而减轻出版社库存成本和压力同时减少了中间环节，提高发行运营效率。目前单色数字喷墨印刷和传统印刷的平衡点已经超过 2000 册，完全可以承担 70% 图书的首次印刷，采用数字印刷，大大缩短了印刷和发行时间，提高了服务水平，同时节省了库房成本，带来了盈利。另外图书和网络结合也是增值服务的落脚点，比如点读笔、纸质书通过二维码链接可以观看 3D 及视频，极大的增加了读者的参与感，提高了阅读兴趣，增加了销售量，同样这本图书件价格也会有所提高，有效提升了出版物的品质及价值。

3.5.3　图书资源碎片化的利用

网络技术的高速发展，为传统出版增加了新的发展空间，很多出版社都成立了数字出版部，对自己的出版资源进行数字化加工，碎片化加工，然后提供网络媒体使用，通过电脑、手机、电子阅读器检索和调取自己感兴趣的东西。而线下的碎片化内容根据需求重新整合后，使用数字印刷的方式完成个性化定制，完成内容资源的增值。例如美国很多杂志社可以做到，将你喜欢的杂志社出版的历史上的任何一期任何一篇你喜欢的文章或者图片合订后销售给你，形成了数据资源碎片化后的再利用，形成了新的增值服务。

第四章 数字印刷工厂规模化生产

4.1 生产流程概述

数字印刷的生产流程也是逐步发展而来的，既有传统印刷的影子，也区别于传统印刷。传统印刷的基本流程通常为出片→晒版（目前可以实现 CPT 无版印刷）→配页→装订→成品→物流。数字印刷简而言之就是发送文件→印刷（无须配页，成册印刷）→装订→成品→物流。

数字印刷的起步是从快印店的方式逐步扩大规模的，所以目前的数字印刷企业也有快印店的影子，并且随着科技的发展而不断发展，生产流程也愈加科学和精细化。管理手段也从早起的纸质工单发展为电子化流程，进行整个产品的跟踪、预警、统计等。

以下是北京中献拓方科技发展有限公司早期的生产工单，也可以叫"流转单"（见图 4-1）。

知识产权出版社数字印刷申请单							
单号：××-××××							
承印单位	北京中献拓方科技发展有限公司			申请时间：2018 年 × 月 × 日			
印件名称	×××			发印部门：××××编辑部			
申　请　人	×××		印件类型	批量加印		定价：00.00 元	
印　　张	24.25		开　　本	16 开		印数：200 册	
书　　号	978-7-5130-××××-×			成品尺寸		170×240	
版　　次	2018 年 10 月第 1 版		印　次	2018 年 10 月第 2 印刷		装　帧	无线胶订
数据格式	PDF			数据类型		新数据	
				保存时间		6 个月	
正文版序	××\××\××\××\××						
封　面	印刷方式		数字印刷	工艺要求	亮膜　压纹		
封面用纸			正文用纸			插页用纸	
克　　重	纸张种类	印　　面	克　　重	用纸种类	印　　面	克　　重	用纸种类	印面
250g	光铜	单面四色	70g	胶版纸	双面单色	—	—	—
物　　流	顺丰快递至：×× 市 ×× 区 ×× 路 ××× 弄 ×× 号，×× 收，68×						
发印时间	2019.10.10		送样时间	2019.10.10		完成时间	2019.10.14
打包方式	8 本 / 包		送货方式	车送			
成品图书	—	册须于　月　日前送至		本社总编室（联系人：　　　，电话：　　　）			
送货说明	—	册须于　月　日前送至		本社出版中心（联系人：　　　，电话：　　　）			
备　　注							
主管领导签字：		部门领导签字：			申请人签字：		
（以下部分用于生产记录）							
印件名称	网络犯罪侦查：公私合作与权利保护				紧急程度	高	
接收时间	2019-10-10	交货时间	2019-10-14		印件总价格		元
封面用纸页数（令数）	××	正文用纸令数		××	插页用纸令数		—
彩色印量	××	单色印量		××	彩机单色印量		

图 4-1　印刷企业常见纸质生产流转工单

生产签收及质检意见			
类　　别	生产车间操作员签收	业务员意见	质检意见
封　　面	月　　日　　时	月　　日	月　　日
正　　文	月　　日　　时	月　　日	月　　日
装　　订	月　　日　　时	月　　日	月　　日

图 4-1　（接上页）印刷企业常见纸质生产流转工单

采用数字化管理流程之后，每个生产部门根据自身情况都分配有不同的模块。总体部署架构如下（见图 4-2）。

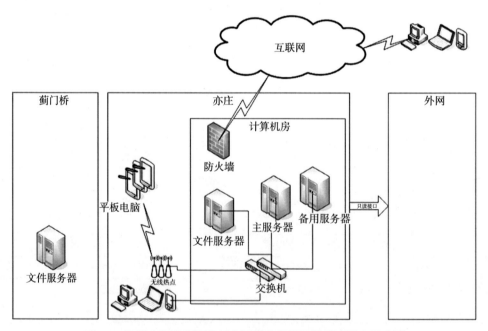

图 4-2　知识产权社有限责任公司数字印刷智能管理平台示意图

4.2 业务部门

4.2.1 客户功能需求

提供订单的查询，接收，投诉处理（见图 4-3）。

图 4-3 订单平台登录样例

4.2.2 订单查询与估价

客户通过已经提交的订单，含局社、市场客户，输入订单号以及提交订单时留的电话号或者联系人名字在选其一作为验证，即可查询目前订单的状态，状态信息包括数量、尺寸、备注、收货人、目前生产进度（进度条）形式。

可以跳转至报价预估页面，客户通过单选、复选、输入等方式将需求输入后显示报价，并提示如需更多优惠请联系业务员。可以在线支付（支付宝、微信、银行转账），也可以直接联系业务员处理相关事宜（见图 4-4）。

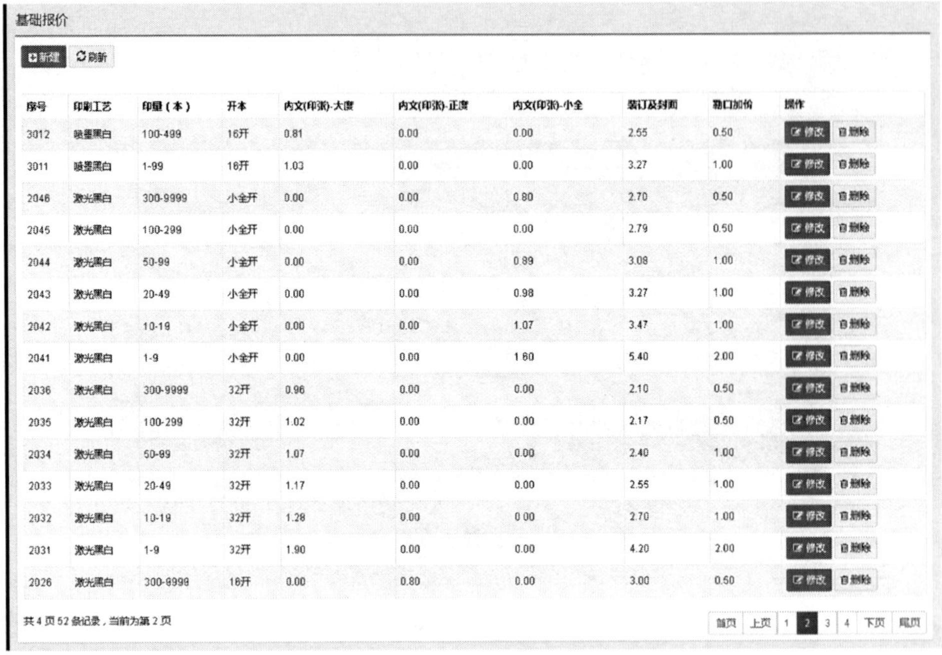
基础报价

新建 刷新

序号	印刷工艺	印量（本）	开本	内文(印张)-大度	内文(印张)-正度	内文(印张)-小全	装订及封面	勒口加价	操作
3012	喷墨黑白	100-499	16开	0.81	0.00	0.00	2.55	0.50	修改 删除
3011	喷墨黑白	1-99	16开	1.03	0.00	0.00	3.27	1.00	修改 删除
2046	激光黑白	300-9999	小全开	0.00	0.00	0.80	2.70	0.50	修改 删除
2045	激光黑白	100-299	小全开	0.00	0.00	0.00	2.79	0.50	修改 删除
2044	激光黑白	50-99	小全开	0.00	0.00	0.89	3.08	1.00	修改 删除
2043	激光黑白	20-49	小全开	0.00	0.00	0.98	3.27	1.00	修改 删除
2042	激光黑白	10-19	小全开	0.00	0.00	1.07	3.47	1.00	修改 删除
2041	激光黑白	1-9	小全开	0.00	0.00	1.60	5.40	2.00	修改 删除
2036	激光黑白	300-9999	32开	0.96	0.00	0.00	2.10	0.50	修改 删除
2035	激光黑白	100-299	32开	1.02	0.00	0.00	2.17	0.50	修改 删除
2034	激光黑白	50-99	32开	1.07	0.00	0.00	2.40	1.00	修改 删除
2033	激光黑白	20-49	32开	1.17	0.00	0.00	2.55	1.00	修改 删除
2032	激光黑白	10-19	32开	1.28	0.00	0.00	2.70	1.00	修改 删除
2031	激光黑白	1-9	32开	1.90	0.00	0.00	4.20	2.00	修改 删除
2026	激光黑白	300-9999	16开	0.00	0.80	0.00	3.00	0.50	修改 删除

共 4 页 52 条记录，当前为第 2 页

首页 上页 1 2 3 4 下页 尾页

图 4-4　订单平台内容样例

系统会根据预先设定好的阶梯报价，自动生成报价单，并且会根据不同操作人员的权限，给予相应的折扣，或者列入合同客户给予合同价格，使得报价统计更加精细化（见图 4-5）。

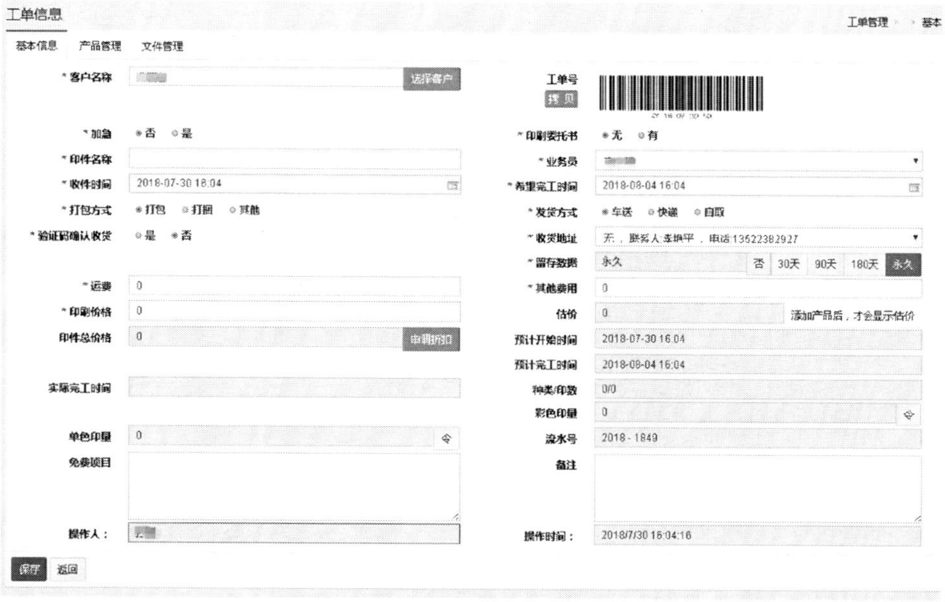

图4-5　订单平台内容样例

对于客户需要加急出货的要求，业务员也可以通过加急工单的方式进行处理。加急要适当收取加急费用，为了防止加急产品数量及种类过多，影响正常生产进度，会对业务员的每月加急货单数进行限制（见图4-6）。

图4-6　订单平台内容样例

图 4-7　订单平台内容样例

业务员可以按照客户需求填单，客户也可以通过外网访问自行填写需求单，交纳产品费用后就可以进入生产流程了（见图 4-7）。

4.3　印前部门

每个电子工单会生成一个对应的条码，以便全程追踪该生产业务，一个电子工单可以只有一套印刷文件，也可以包含多套印刷文件（对应套书，不必开具多个电子工单）。

业务部发送的文件到达印前车间，车间负责人和操作员均可以看到，其中操作员可以领取任务，负责人也可以派发任务，每位员工有一个编号附带条码作为工号。领取任务时，遇到批量任务由印前负责人进行调配计入绩效。

接到业务部门的下单信息或者知识产权出版社 ERP 平台接入的信息后，下载文件进行检查预处理。印前预处理后的文件上传至生产管理系统，系统可以根据设备负荷状况，由本系统自动拼版并发送至对应设备，也可以按照客户要求使用指定设备，这一步可以进行切换。切换至手动发送模式时，该工单发送至印刷车间待处理。遇到复杂拼版，系统无法处理时，可由印前人员进行人工拼版，拼版完成后进入系统完成印刷（见图 4-8）。

图 4-8　文件处理平台内容样例

　　印前车间根据文件的情况，检查是否符合印刷规范，是否可以由系统进行拼版，如果文件可以由系统设置好的模板进行拼版，则印前车间只需上传单拼的文件即可，印刷车间可以根据设备的工作状况，使用系统推荐的设备或者根据客户要求使用指定的设备进行印刷（见图4-9）。

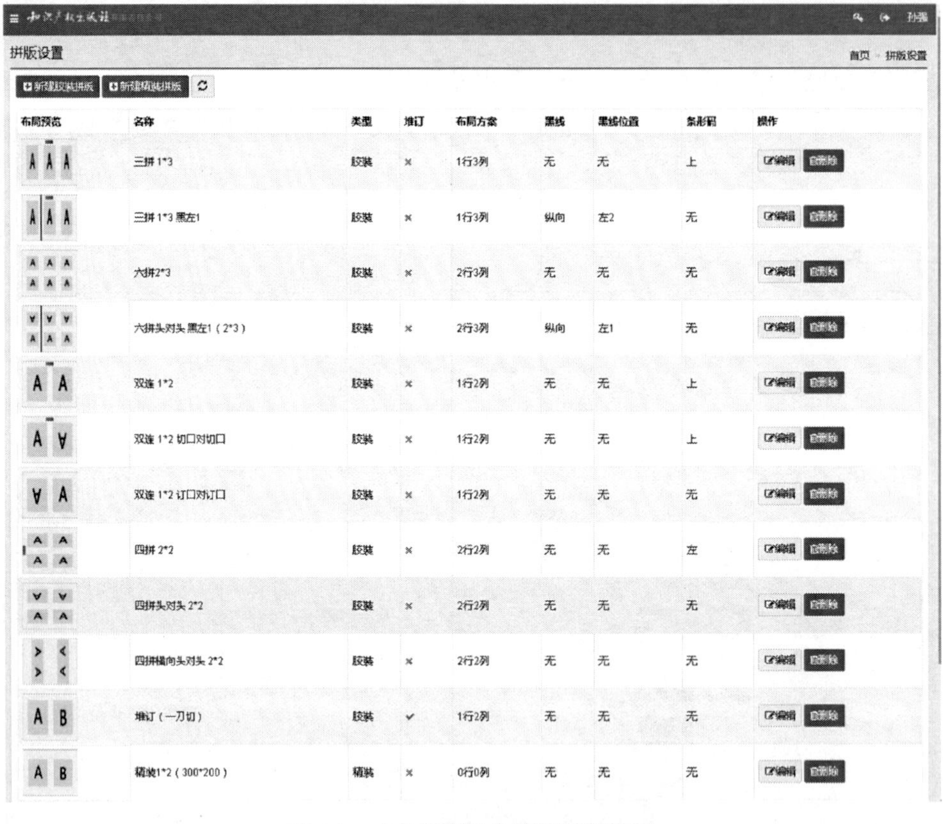

图4-9　文件处理平台智能拼版样例

4.4　印刷部门

每个印刷操作员自己有条码形式的工号，每台印刷机前有一个平板硬件用于显示工单信息。印刷员工采用"报工"方式记录绩效，也就是该单发送到印刷机上以后，印刷了多少本就在系统里上报多少本，直到到达总数，可以超出部分加放。对于印制过程中出现的加急、出样、更换文件、优先印刷一部分等情况，在系统中要有对应项进行处理，对于补印部分系统要有对应的记录和处理流程。系统中对印刷机发送文件的功能，需预留可追加印刷机的端口，以便今后扩容或更换新型印刷机（见图4-10）。

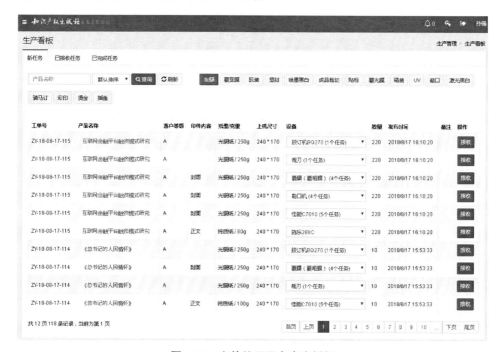

图4-10　文件处理平台内容样例

印刷部门在使用移动终端进行操作时（包括扫码枪、平板电脑）一般要先点击接收工作后申请裁切纸张，纸库数据会自动更新。之后印刷设备会将生产的数量反馈到系统当中，以避免产生漏印、少印、多印等情况，及时提醒印刷机操作员生产进度，因为各家印刷机厂商开放的硬件接口权限不同，故印刷机数据反馈功能不保证所有数字印刷机都可以实现。

印刷车间生产操作员可以看到由印前车间检查完毕并处理好的印刷文件，根据系统提供的设备的生产负荷，自动或手动调整文件队列，将印刷文件发送至对应的印刷机。确定好生产该产品的印刷机后，只需点击接收即可（见图 4-11）。

图 4-11　生产平台内容样例

根据生产车间纸张剩余数量，点击申请裁切，会通知白料人员裁切相应数量的纸张，用于生产，同时将纸张使用量计入原材料管理部门。因为数字印刷机，尤其是静电型的数字激光印刷机，对纸张的质量要求比较高，纸张表面不平会引起印刷副本的上墨不均，主要是环境温湿度导致，尤其是雨季更加明显，所以需要随用随裁。通常会有 3%~5% 的纸张数量加放（见图 4-12）。

裁切管理

任务生成时间	客户名称	工单号	印件名称/产品名称	印件内容	数量	纸墨/克重	成墨尺寸	印刷用纸尺寸	机台	裁切后送达时间	状态	执行	操作
2018/8/20 13:05:12	清华社	ZY-18-08-17-112	上市公司衍生工具应用及其经济后果研究 / 上市公司衍生工具应用及其经济后果研究	封面	4	光铜纸/250	230×170	388×270	分切	2018-08-20 00:00	待裁切	报工	完成 异常
2018/8/20 13:05:10	金企鹅	ZY-18-08-17-113	清风榜语正文238p / 清风榜语正文238p	正文	10	轻型纸/70	240×170	388×270	分切	2018-08-20 00:00	待裁切	报工	完成 异常
2018/8/20 13:05:09	金企鹅	ZY-18-08-17-114	《总书记的人民情怀》 / 《总书记的人民情怀》	封面	10	光铜纸/250	240×170	388×270	分切	2018-08-20 00:00	待裁切	报工	完成 异常
2018/8/20 13:05:07	资软社	ZY-18-08-17-115	互联网金融平台融资模式研究 / 互联网金融平台融资模式研究	正文	220	纯质纸/90	240×170	388×270	分切	2018-08-20 00:00	待裁切	报工	完成 异常
2018/8/20 13:04:27	社内自助台	ZZ-18-08-15-92	基于特色小镇的全域旅游发展战略研究 / 基于特色小镇的全域旅游发展战略研究	正文	600	轻型纸/70	240×170	388×270	分切	2018-08-20 00:00	待裁切	报工	完成 异常
2018/8/20 13:05:18	金企鹅	ZY-18-08-17-111	大学生就业创业 / 大学生就业创业	正文	8	雅白胶/70	260×185	388×270	分切	2018-08-20 00:00	待裁切	报工	完成 异常
2018/8/20 13:05:14	金企鹅	ZY-18-08-17-111	大学生就业创业 / 大学英语四级强化教程	封面	14	光铜纸/250	260×185	388×270	分切	2018-08-20 00:00	待裁切	报工	完成 异常

共1页7条记录，当前为第1页

图 4-12　生产平台内容样例

EFI 通过一系列打印机、墨水、数字式前端以及能够变革和简化整个生产流程的综合商业和生产流程套装软件，为各类标牌标识、包装、纺织、瓷砖以及个性化文档的制造开发突破性技术。全世界超过三分之一正在运作的高端宽幅打印机都是 EFI 的产品（见图 4-13 至图 4-15）。

商业打印　　数字式生产/专营/快印　　标签
软包装/挤压　　折叠式纸箱　　瓦楞纸
网屏打印　　招牌和显示　　一般业务打印
政府/大学　　公司复印/厂内　　广告公司/颜色专家
照片和美术　　出版物/书籍打印　　瓷砖制造
商业打印

图 4-13　EFI 软件各项功能

EFI 在全球加入了多个行业协会，也说明在印刷领域其应用性的广泛。

图 4-14　EFI 加入的行业协会

图 4-15　由 EFI 提供管理软件的厂商

4.5 印后工序

各数字印刷生产企业面向的客户群不同，加之企业规模定位的不同，使得数字印刷生产企业后端既有相似之处，又各有不同。

对于快印店等小规模数字印刷企业而言，受制于场地和客户群的限制，绝大多数为中高速激光印刷设备，以及晒图机和小型微型喷墨印刷机。场所内很少有对开以上规格的裁切机，以四开裁切机为主，故其使用的平张纸多半为其他公司裁切包装好的成品纸。加上其临街的店面租金较高，使得快印店的印刷费用相对较高（此处指规范的快印店，使用质量合格的纸张和正品耗材）。

对于中大型数字印刷企业，基本拥有和传统印刷厂类似的印后设备，如全开裁纸机、对开裁纸机。有些数字印刷企业是由传统印刷厂和数字印刷厂混合形成，更具成本优势。尤其在彩色印刷方面，无论是墨粉、墨水还是 UV 油墨、电子油墨，数字彩色印刷的质量和传统油墨印刷还是有一些差距的，加之传统印刷的技术也在逐年提高，与数字印刷的印量平衡点正在逐步降低。所以这种混合型的印刷企业，借助其印后设备，能更高效地生产。

对于以教材等书籍生产为主的企业，由于开本相对稳定，单种书数量一般在 100 册以上，采用联线生产更为高效，如前文例举的多钟联线方式。而对于以小批量、多品种生产的图书，则是手工与设备配合使用，如经常生产套书的北京中献拓方科技发展有限公司。其最具代表性的是《文渊阁四库全书》，全套书分经史子集四部共计 1500 本，所以其前期生产时，因为全书规格一致，需要使用喷墨印刷机进行印刷，之后使用折锁设备自动锁出书芯。自此，手工工艺介入，采用仿动物骨胶性能的汉高胶水进行浆背，一般不推荐使用离线精装设备或者自动化精装设备。每种数量太少，离线精装设备的调整频繁，自动化精装设备需要在书籍某些位置印上条码进行识别，因为精装工艺与胶订骑订等工艺有一点不同是：精装是先将书芯做成成品，再上壳；平装是先订封面，再裁切成品，导致精装无法在内文上打印条码（客户无要求的除外）。要想做到原汁原味，手工介入不可避免（见图4-16）。

图4-16 数字印后应用——可变数据烫金 UV

由于印后生产中工艺繁杂，所以同样要引入生产管理系统进行辅助生产，印后工艺的生产人员有手持终端，通过终端读取印刷副本的条码，显示需要做的工艺和已经做完的工艺，以辅助生产人员进行工艺作业。尤其是对于一些书名相近的书籍，通过读取条码进行识别显得更为重要（见图4-17至图4-19）。

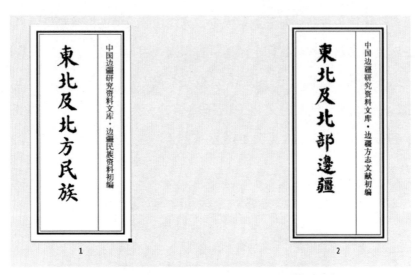

图 4-17　按需生产图书、自动拼版

图 4-18　按需装订图书

图 4-19　喷墨印刷幅面更大、通过条码识别封面

通过终端设备对条码的读取，使得内文和封面及插页等进行匹配，避免张冠李戴情况的发生。

在印后部门中，因为涉及的生产工序较多，有一些工序制定有注意事项，简单罗列一些供参考。

（1）热熔胶性能的控制：胶订机的胶锅加热时间要把握好，不要反复冷却加热（停机开机），不要长时间待机。热熔胶长时间加热，会导致黏性下降，使得热熔胶老化变黄，书脊变脆。根据生产情况适当控制胶锅的胶量。北京中献拓方科技发展有限公司使用的是由汉高（中国）投资有限公司提供的多个系列EVA热熔胶。

（2）覆膜的注意事项：对于有硅油的印刷机，其印刷物表面会有硅油层，导致付预涂膜的时候容易起泡，混合印刷厂（传统＋数字）通常有过桥式覆膜机，一般不存在起泡的问题，多存在使用预涂膜覆膜机的情形。预涂膜是预先将胶均匀涂在塑料膜表面，然后固化。当预涂膜经过覆膜机时被加热，固体胶层变成液态，经覆膜机碾压，黏附在纸张表面。在有硅油图层的封面覆膜时，或者印刷品墨粉（水）覆盖率较高时，建议采用增黏预涂膜。北京中献拓方科技发展有限公司使用的是由北京康得新复合材料股份有限公司生产的增黏预涂膜，康得新是中国首家具有自主知识产权的从事预涂技术研发和预涂膜生产的企业，是中国最大的预涂膜生产商。

（3）特规纸张的定制：根据不同印刷企业数字印刷机的情况，如果长期使用一些特别规格的成品纸张，装订工序在裁切白料的时候，使用常见规格纸张会造成浪费，如平张纸常见规格为 787mm×1092mm、720mm×1000mm、889mm×1194mm、880mm×1230mm。以北京中献拓方科技发展有限公司的设备为例，其 iGen150 彩色印刷机常用成品纸张为：600mm×360mm、540mm×360mm。由此可以定制特殊规格全开纸：610mm×1090mm 用于裁切600mm×360mm 尺寸纸张，730mm×1090mm 用于裁切 540mm×360mm 尺寸纸张。对于奥西（Ocè）6000 系列，因其支持大纸库，可以使用 350mm×500mm尺寸纸张，故可以定制 710mm×1010mm 尺寸全开纸。对于喷墨设备，也可以根据设备不同，定制不同宽度的纸卷。对于定制的特殊规格纸张，需要一定的起订量，通常平张纸为 5 吨以上，卷筒纸为 10 吨以上，且供货期相对不稳定，所以对纸张的管理要十分细致，根据生产情况，通过生产管理系统的库存辅助功能，当库存功能报警时，及时订购纸张（见图 4-20）。

图 4-20　印后平台内容样例

4.6　质检及物流工序

印装完成品在最终发货前，还需要完成成品质检的工序，质检作为产品生产中不可或缺的一个环节，其工作方式十分灵活，在半成品中可以进行抽检、全检，也可以在成品中根据产品数量以及产品的重要程度进行抽检或全检，按照《出版物市场管理规定》《图书质量管理规定》等管理规定以及《GB/T 30326》《GB/T 18359》等行业标准进行质检并在此基础上更加严格，然后录入生产管理系统（见图 4-21、图 4-22）。

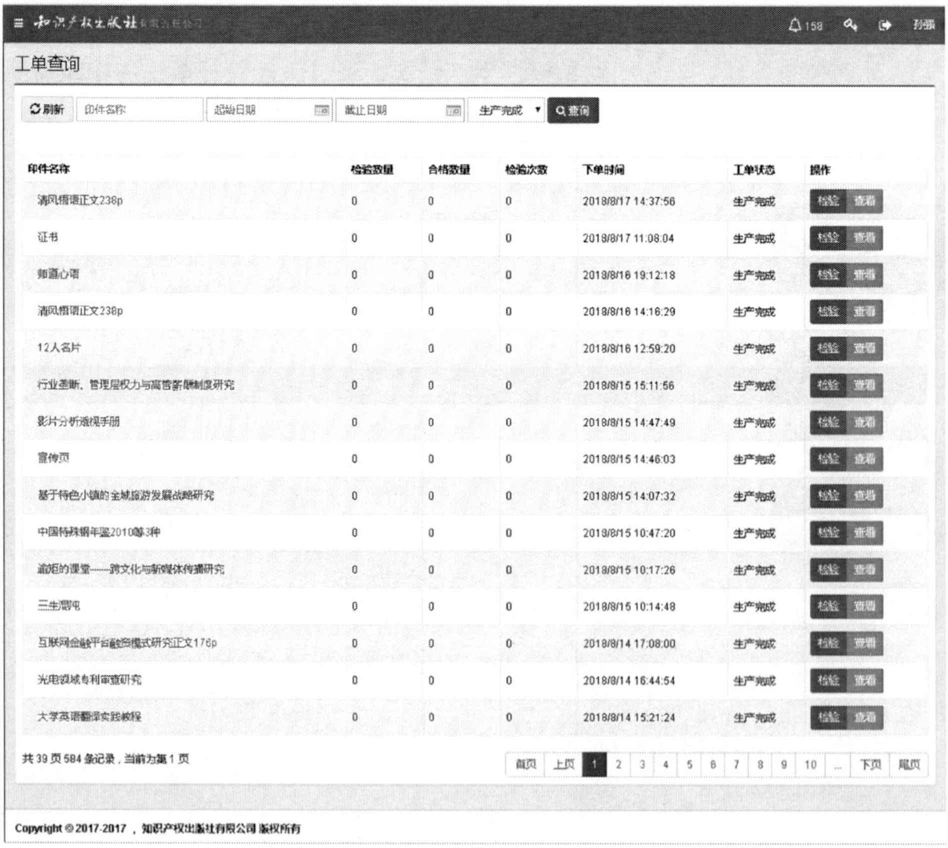

印件名称	检验数量	合格数量	检验次数	下单时间	工单状态	操作
清风楷语正文238p	0	0	0	2018/8/17 14:37:56	生产完成	检验 查看
证书	0	0	0	2018/8/17 11:08:04	生产完成	检验 查看
师道心语	0	0	0	2018/8/16 19:12:18	生产完成	检验 查看
清风楷语正文238p	0	0	0	2018/8/16 14:16:29	生产完成	检验 查看
12人名片	0	0	0	2018/8/16 12:59:20	生产完成	检验 查看
行业垄断、管理层权力与高管薪酬制度研究	0	0	0	2018/8/15 15:11:56	生产完成	检验 查看
影片分析透视手册	0	0	0	2018/8/15 14:47:49	生产完成	检验 查看
宣传页	0	0	0	2018/8/15 14:46:03	生产完成	检验 查看
基于特色小镇的全域旅游发展战略研究	0	0	0	2018/8/15 14:07:32	生产完成	检验 查看
中国特殊钢年鉴2010等3种	0	0	0	2018/8/15 10:47:20	生产完成	检验 查看
逾矩的课堂——跨文化与新媒体传播研究	0	0	0	2018/8/15 10:17:26	生产完成	检验 查看
三生混沌	0	0	0	2018/8/15 10:14:48	生产完成	检验 查看
互联网金融平台融资模式研究正文176p	0	0	0	2018/8/14 17:08:00	生产完成	检验 查看
光电领域专利审查研究	0	0	0	2018/8/14 16:44:54	生产完成	检验 查看
大学英语翻译实践教程	0	0	0	2018/8/14 15:21:24	生产完成	检验 查看

共 39 页 584 条记录，当前为第 1 页　首页 上页 1 2 3 4 5 6 7 8 9 10 ... 下页 尾页

Copyright © 2017-2017，知识产权出版社有限公司 版权所有

图 4-21　质检平台中工单通知样例

图 4-22　质检平台中质检功能样例

数字印刷企业可以根据自身情况，经过成本测算后确定建立自有物流还是外包物流，也可以是自有外包相结合的混合型物流。无论是哪种方式，完成品在交付客户之前，其生产路径要有迹可循。质检完成品，交付物流部门进行发货，系统会打印出发货单，交付送货员，将生产完成品交付到客户手中，客户自始至终都可以登陆外网进行产品的生产状态查询，随时掌握进度。

物流配送员是公司的第二块招牌，要求配送员要送货准时、衣着整洁、文明用语、态度谦和、装卸平稳。客户对配送的满意度一定程度上影响着生产企业的信誉，对于前端业务员开展业务也会产生影响。

整个生产的产业链条要紧密结合，环环相扣，才能保证产品可以保质保量交付（见图 4-23）。

图 4-23　物流平台中物流配送管理样例

4.7　纸张使用的相关问题

对于激光数字印刷设备，纸张的使用要注意以下问题。

纸张的选择：纤维均匀分布、经过平滑整饰的纸张可以在大多数数码印刷设备上获得最佳的印刷质量。拿着一张纸迎着光观察，如果看到大朵绒毛状的"云"，那么在实地覆盖的区域就可能会产生不均匀的现象。在纸张中纤维量较少或纤维分布不均匀的区域也会产生透背的现象。亮度高的白纸可以提高印刷品色彩的明度、对比度和清晰度。在表面不均匀的纸张上，墨粉附着不良，所以重度压花或有很深纹理的纸张不适合在传统的数码印刷机上使用。纤维成型越均匀、越一致，印刷质量就越好。印刷斑纹往往就是纸张纤维成型差或易变形造成的。

纸张的存储：温度和湿度是纸张在印刷设备上性能表现的关键因素。纸张要存放在相对湿度为 50%、温度为 20℃的地方。纸张或木材纤维（纸浆）很容易吸收水分。最好是保留成令纸张的包装纸用来单独包装裁好的纸张，以保护纸张不受环境温湿度的影响。纸张要存放在架子上、纸台上或柜子中，而不要直接放在地板上，远离建筑物外墙，以避免吸收水分。盛放纸张的纸箱的码放不要超过 5 层，纸台码放的高度不要超过 3 层。

使用中的注意事项：数码印刷对纸张中的水分非常敏感。高湿度会导致纸边潮湿而形成荷叶边。低的湿度使纸边的水分进入空气，使纸边收缩而发紧。如果把纸张存放在仓库里而不是存放在印刷车间中，应将其以密封的纸箱的形式放在印刷车间的地上适应 48 小时。要达到最好的效果，应该把成令密封的纸张保留在运输的纸箱中，保留其原始的成令包装。在准备把纸张放到数码印刷设备上之前不要打开包装。成令包装有一层薄膜，可以防止吸湿。在打开成令纸的包装后，如果要放置过夜，就要用保鲜膜重新封好包装，而不要把纸张存放在数码印刷设备的纸盒中，防止造成纸张过度卷曲和其他的问题。对于完整的纸台，适应的时间应为每 5.5℃的温差 10 个小时，在室内放置过夜或是过周末的纸张，这么做通常是为了省时省力，在纸张出现问题时，停机时间很快就累加成一个很长的时间，反而会增加成本（见图 4-24）。

图 4-24   纸张存放应放在密封环境中

对于数字喷墨印刷设备用纸，情况有些特殊，因为喷墨设备使用的纸张是数码卷筒纸，为了最大限度节约纸张，常见开本的书对应三四种宽度的卷筒纸。如 170 mm×240 mm 的小全开图书对应 508 mm 宽卷筒纸，210 mm×297 mm 的大度 16 开图书对应 440 mm 宽卷筒纸。由于纸张又有质量和纸型之分，卷筒纸的纸张宽度要做到最优化，原则上是种类越少越好，尺寸越常见越好。

卷筒纸种类的计算方法：

卷筒纸种类 = 幅宽种类 × 质量种类 × 纸型种类

例：车间需要 508 mm 宽和 440 mm 宽各 2 种

需要 70 g/m² 和 80 g/m² 各 2 种

需要原白胶版纸和高白胶版纸 各 2 种

上述共计 2×2×2 = 8 种纸。

每卷纸张根据宽度不同，质量在 300~600 kg 之间，要根据生产场地的不同，尽可能少地控制纸张种类。

因数码卷筒纸是在普通卷筒纸的基础上增加了抗拉程度以及表面涂布，故整体成本要比普通卷筒纸高，纸张成本提升约 5%~10%

数码卷筒纸在运输过程中，虽然表层包裹有较厚的纸板进行保护，然而依旧不能保证完整使用，在装卸、搬运过程中仍然会有磕碰等损坏，平均至少要浪费表层 2~4 mm 厚度的纸张。目前市场中卷筒纸的直径通常为 1.25 m，可以粗略地估算出其浪费数量。另外对于靠近卷芯部分的卷筒纸，因为弯曲程度很大，不能完全被利用，有可能导致产品纸张变形，依旧会有浪费。对于联线式的生产设备，如前文所讲的 Hunkeler 书芯系统，纸芯浪费相对少一些，对于离线式卷到卷的系统，纸芯的浪费会更多（见图 4-25 至图 4-27）。

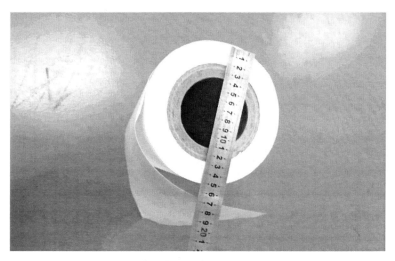

图 4-25　数字喷墨印刷机废弃的卷芯（卷到卷模式）

图 4-26　搬运过程中造成的卷筒纸外部损伤废弃

图 4-27　生产中的喷墨印刷机（富士施乐 RISHIRI1400）

　　为了适应室内小范围的纸张移动，建议购置小型抱夹设备和小型电动运纸设备，以减少纸张在地面滚动导致的表面破损（见图 4-28、图 4-29）。

图 4-28　室内抱夹机（用于升降、旋转卷筒纸）

图 4-29　室内微型卷筒纸搬运车

　　喷墨印刷生产车间同样对生产环境有一定的要求，一方面是设备的工作环境，在厂家的技术指标中已经写明；另一方面，保持适当的温湿度，有利于控制纸张的变形程度，不会过分地吸收水分或丧失水分，水分的过度吸收或丧失均会造成"荷叶边"的情况，即纸张边缘的变形，以及纸张吸墨性增加或变脆易断裂。故在北方的春秋两季及冬季，要采取适当的加湿措施，夏季要采取除湿措施，南方更要注意除湿的控制（见图4-30、图4-31）。

图 4-30　气水加湿设备，雾状加湿无水滴

图 4-31 工业除湿系统

数码卷筒纸宽度的确定要尽量符合市场中纸张厂商提供的规格，前文所讲的几家数字喷墨印刷机生产厂家，喷墨印刷机的最大纸张幅宽通常为 520 mm、540 mm、648 mm 等，而数码卷筒纸相对于普通卷筒纸，其生产数量较小，定制化程度低，通常市场中常见的卷宽规格为 390 mm、406 mm、450 mm、457 mm、508 mm、540 mm、620 mm、648 mm 等，如果需要定制常见规格外卷宽的卷筒纸，而需求量较低的话，会需要等待更长的纸张生产周期以及更高的定制价格，并且不接受退换货。

常见可以提供数码卷筒纸的造纸厂商：山东太阳纸业股份有限公司、河南江河纸业股份有限公司、岳阳林纸股份有限公司、山东晨鸣纸业集团股份有限公司（研发中）（见图 4-32 ）。

图 4-32　数码卷筒纸标签

根据生产场所情况以及客户类型，综合分析使用常见纸张合算还是定制纸张合算，减少喷墨印刷机的起停次数，减少数码卷筒纸的成本是生产中的重要环节。

喷墨印刷生产中，节约纸张的方法之一就是尽量减少不同宽度纸张之间的更换，尤其对于只有 1 台数字卷筒喷墨设备的数字印刷企业，这一点尤为重要。

因为数字卷筒喷墨印刷设备的启动和停止都会产生几米至几十米不等的白纸，早期的 NIPPSON 卷筒印刷机和奥西（Océ）3000 系列的卷筒印刷机对纸张浪费很少。每次更换纸张，纸路越长，浪费的纸张就越大，需要将纸张接头从放卷机一直送到收卷机，对于 Hunkeler 这样的联线设备，除了要将纸张接头送到 Hunkeler 出口以外，对于不同规格的成品尺寸，还需要调整 Hunkeler 联动线的折痕位置，裁切位置等。所以要尽量控制减少不同卷宽的纸张反复更换。一般是借助经验判断和生产管理系统辅助管理。

在生产管理系统中，虽然每个工单中成品尺寸不一定是相同的，但是系统可以自动按照成品尺寸排列未打印的工单，也就是尽量安排同规格的纸张在一起印刷，首要顺序是规格，次要顺序是质量，第三顺序是纸型。根据生产的饱和程度和当前工单排队数量，适时地发送印刷作业，通常以 3~4 个小时为一个时间段（见图 4-33）。

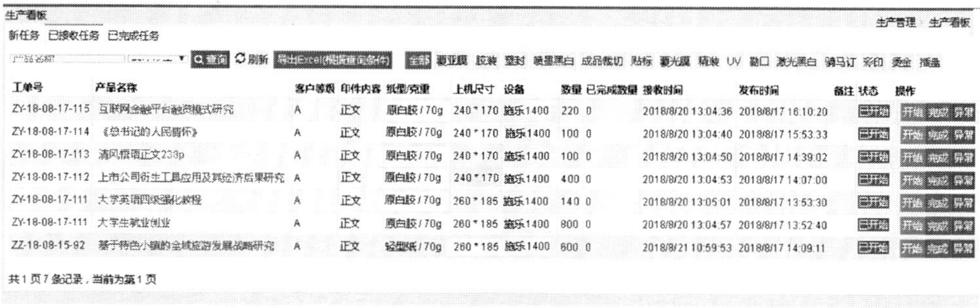

工单号	产品名称	客户等级	印件内容	纸型/克重	上机尺寸	设备	数量	已完成数量	接收时间	发布时间	备注	状态	操作
ZY-18-08-17-115	互联网金融平台融资模式研究	A	正文	原白胶 / 70g	240 * 170	施乐1400	220	0	2018/8/20 13:04:36	2018/8/17 16:10:20		已开始	开始 完成 异常
ZY-18-08-17-114	《总书记的人民情怀》	A	正文	原白胶 / 70g	240 * 170	施乐1400	100	0	2018/8/20 13:04:40	2018/8/17 15:53:33		已开始	开始 完成 异常
ZY-18-08-17-113	清风楷语正文233p	A	正文	原白胶 / 70g	240 * 170	施乐1400	100	0	2018/8/20 13:04:50	2018/8/17 14:39:02		已开始	开始 完成 异常
ZY-18-08-17-112	上市公司衍生工具应用及其经济后果研究	A	正文	原白胶 / 70g	240 * 170	施乐1400	400	0	2018/8/20 13:04:53	2018/8/17 14:07:00		已开始	开始 完成 异常
ZY-18-08-17-111	大学英语四级强化教程	A	正文	原白胶 / 70g	260 * 185	施乐1400	140	0	2018/8/20 13:05:01	2018/8/17 13:53:30		已开始	开始 完成 异常
ZY-18-08-17-111	大学生就业创业	A	正文	原白胶 / 70g	260 * 185	施乐1400	800	0	2018/8/20 13:04:57	2018/8/17 13:52:40		已开始	开始 完成 异常
ZZ-18-08-15-92	基于特色小镇的全域旅游发展战略研究	A	正文	轻型纸 / 70g	260 * 185	施乐1400	600	0	2018/8/21 10:59:53	2018/8/17 14:09:11		已开始	开始 完成 异常

共 1 页 7 条记录，当前为第 1 页

图 4-33　相同尺寸产品集中排序生产

数字印刷设备在操作上趋向统一，尤其 EFI 公司介入之后，其 Fiery 数字式前端与佳能、富士施乐、柯尼卡美能达、理光、夏普等多家顶级数字印刷机

厂商进行了合作，使得印刷机的前端操作实现了统一化，操作员的的培训及引进更加高效。所以在对数字印刷机操作员的培训上，更注重于对设备的简单维保能力，以及对故障的判断和对设备性能的了解。各生产厂家提供的设备和耗材特性不同，需要操作员能够准确地把握对应印刷机的特性。

第五章　数字印刷与按需出版

5.1　数字印刷在按需出版中的作用

从目前的印刷市场可以看出，由于网络科技的发展，电子图书等多媒体读物不断增加，造成纸质图书印数不断减少，而出书品种不断增加，使得传统印刷方式不能完全满足人们对个性化、多样化的需求，数字印刷的出现，刚好可以弥补传统印刷的不足，利用数字印刷的优势，按需出版应运而生。

5.1.1　我国的传统出版流程已不适应市场需求

（1）目前我国绝大多数出版社是编辑首先判断作者的身份、知名度、书名及内容摘要决定是否申报选题，联合发行部门预测并决定图书的印量。这个印量往往不是市场的真正需求。依据惯例采取先印后卖的传统方式，一定时期内允许有一定量的退货。

（2）传统印刷通常都是有起印量。如单品种平装图书起印不足 2000 册，按照 2000 册计价，如果印刷 3000 册，基本上就是增加了 1000 册的纸张及装订成本，而印版及印刷费用相对分摊极少，甚至可以忽略不计。出版社通常就会一次印出来，放在库房并希望这本书可以全部卖出，然而绝大多数情况事与愿违，并没有形成理想销售状态，随着图书品种的增加逐渐形成海量库存，成为出版社一大沉重包袱。

（3）图书退货和积累的库存在逐渐加大，不断需要增加书库面积和管理人员，日积月累库房租金、用工成本越来越高，一本书在进入其生命最后阶段时，其出版成本已经比预期高了很多，很大一部分图书前期盈利部分由于库存原因变为亏损。

（4）一般图书在其生产成本中，纸张费用会占到 30%~50%，图书躺在书库中，这部分成本是被占用的，经过一段时期当图书报废时，高额的码洋换来的图书变成卖垃圾的零钱，更是对绿色环保造成了严重影响。

5.1.2　国外开展按需出版的经验

5.1.2.1　扩大规模才能提高效益

美国按需出版公司的经营参数显示，采用喷墨连续纸数字印刷方式月印量达到 5000 万～6000 万印以上时，通过批量采购和专门维护设备来降低维护成本，公司才能赢利。

5.1.2.2　充分调动中间商的作用

国外推动按需出版发展的主要力量是出版业的中间商，这些中间商大都是图书发行机构，他们建立起了丰富的数字化书目数据库并具有强大的客户网络，他们积极地将印刷商所研制的数码印刷技术引进到图书印制中来，从而使按需出版得到了推广应用。国内的发行机构对此需求也很迫切。

5.1.2.3　利用网络平台，集中获取订单，保证按需出版市场的供给

征集稿件、签订合同与印刷厂及发行商的业务交往、部分营销活动、财务交往、读者反馈等都实现网上运营和管理，将极大提高效率，降低成本。这是一个非常现实的问题，在每种图书的印数较小的时候，如果还要人工收集处理订单的话，这个成本是难以承担的。所以网络平台和数字化工作流程技术的应用是按需出版印刷这一模式存在的前提。

就美国而言，十年内七十余家传统印刷企业已经兼并重组为四个印刷集团，并且已经实现数字化管理。他们大量采用 CTP 及 DI 技术，极大缩短了生产流程及生产材料。利用 JDF 和 XML 标准处理图像文件技术，实现屏幕看样虚拟打样相结合，完成无纸看样，大大提高生产效率。实现印前与印刷设备数字化、网络化连接，任何连锁生产基地生产同一批次产品都能保证产品质量的一致性。通过互联网技术和 ERP 生产管理系统的结合，实现实现 PC 端、手机端对订单的随时跟踪监控。

5.1.3 数字印刷迎合了未来行业发展的需求

当前数字化、互联网的高速发展给传统出版业带来冲击的同时，也带来了机遇，智能手机的普及，网络互联互通极大地满足了广大人民群众多元化需求的同时，个性化的需求也越来越多，出版行业来说数字出版、电子书的普及只是现代化出版的一部分，传统的纸质出版物仍然会长期存在，只是对这种纸质图书的出版周期要求越来越短，图书的品种越来越多，单品种印数越来越少。数字印刷设备的出现，刚好契合了行业发展趋势。无须印版，一册起印、按需印刷是数字印刷的特点。当前很多出版社认识到库存带来的巨大压力，尝试采用数字印刷的方式很好地解决了库存问题。图书的品种逐年增多，印量却逐年减少。尤其纸价高启的今天，印出来的书卖不掉，就是巨大的损失。而对于一些限量版的图书，每个图书印刷唯一编号更是数字印刷的强大优势。目前激光成像数字印刷设备已得到行业认可，其印刷质量可以和传统胶版印刷媲美，正在不断发展的喷墨数字印刷已经逐渐被业内接受，其印刷质量不断提高，正加速冲击传统印刷，相信不久的将来，可以完成3000册起印量甚至更多数量的传统印刷工作。

以出版社数量最多的北京为例，自己建立数字印刷系统的有科学出版社、中国财经出版社、中国铁道出版社、石油工业出版社、北京师范大学出版社、知识产权出版社等数十家出版企事业单位，尤其是知识产权出版社拥有从数据加工、数字出版、数字印刷的全产业链条，也有像人民邮电出版社、北京科学技术出版社这些将设备托管至第三方进行合作的企事业单位，而且数百家出版社都认可数字印刷并付诸实施。仅北京中献拓方科技发展有限公司就有全国约

200 家出版社客户，从东北师范大学出版社到上海交通大学出版社，遍及大江南北。可以说数字印刷迎合了未来产业的需求，发展趋势势不可挡。

与国内形成交集的中国出版集团通过对国外图书出版发展趋势的考察，确认了发展 POD 业务的重要意义。2009 年在北京与美国按需图书公司 (On Demand Books) 签订合作协议。后来又组织国内专家论证了图书按需出版印刷的发展前景，决定成立专门机构引进和研发"咖啡印书机"。该设备集成了彩色封面和单色正文数字印刷及装订功能，与图书资源数据库连接后可以快速完成图书印制，并具有版权保护功能，被称为"图书的 ATM 机"。可以广泛用于图书馆、书店、机场等公共场所，方便读者按需索取图书。这一决策标志着中国出版集团全面进军 POD 领域。据了解，国家已经投入数千万元，有关单位合作成立了专门公司，今年内将生产出样机。

发展和推广此类设备是 POD 的高级形式，是图书网络出版印刷的理想目标。它需要以海量电子图书资源为基础，必须建立起 POD 业务稳定的运行模式，解决出版商、设备制造商、运营商、读者之间的利益关系。统计数据表明，在 POD 业务最发达的美国，这类门店终端型 POD 业务目前所占比例也不超过 5%，工厂化大规模生产仍是 POD 业务的主体。只有大规模生产(美国的经验数据是：单个企业月印量超过 6000 万 A4 才可以盈利)，才能有效降低数字印刷的成本。

5.1.4 数字印刷融合于传统印刷

美国闪电公司采用数字印刷方式把不同内容、不同开本、不同纸张通过不同生产线印刷装订，对同一客户的不同任务订单，采用无人生产线依据订单要求进行配货，最终根据该客户所订购图书的体积，利用自动化设备模切纸板，定制纸箱并装箱，利用机械手封箱贴地址签，传送带直接运送到物流货车，发往客户所在地的城市。公司的数字化管理从数据库检索确认分配到印刷装订装箱配送一气呵成，把按需出版印刷做到了极致。这家数字印刷企业让美国最大的图书发行商做到了没有库存，堪称全球通过先进数字印刷技术解决图书库存的典范。

在信息化的时代，传统出版业，特别是传统印刷不能独善其身，变革是毋庸置疑的。数字技术的发展，数字印刷技术的普及使得传统编印发模式不再适应时代的发展，它改变并推动着传统出版流程的优化，它可以解决出版中最致命的问题，它可以有效消减出版社沉重的库存压力，也可以最快速地为市场提供产品，利用其自身优势保证图书永不断版。与此同时还可以挖掘资源，让绝版和短版图书再度面市。利用互联网传播手段，建立全国区域网点，可有效减少物流成本，融合数字技术，改变传统出版方式，适应时代变革，数字印刷方式将是最好的桥梁和纽带。

5.2　数字印刷拯救绝版书

绝版书之所以出现，源于其受制于时代的生产工艺——油墨印刷，无论是民国时期还是中华人民共和国成立初期，甚至到改革开放之前，主要生产方式是胶片印刷，直到被誉为"汉字印刷术的第二次发明"的激光照排的出现，使得印刷术又有了突飞猛进的发展。那些年代久远的书籍如何再现，尤其是民国时期的重要史料，不要说保存的胶片，就连存世的书籍也不多。绝版书的再次印刷，显然落在了数字印刷身上。

在这里不得不提到北京中献拓方科技发展有限公司，这是一家我国最早从事数字印刷的企业，可以说是第一个吃数字印刷"螃蟹"的。公司成立十几年来，不断探索，不断学习、积累了相当丰富的经验，特别是多年前曾经加工制作的民国时期图书复制项目，堪称拯救绝版图书的成功典范。

在民国时期，我国出版了十万余种图书，其中可以找到一万余种存书，这些图书在某些方面仍然具有一定的学术价值，它代表着民国时期的社会、经济、文化，也反映出当时的科技水平，其中也不乏一些有价值的军事论著。当时全国高校图书联合会在企业内交流征集民国时期图书，并希望可以汇集整理复制后补充到各高校图书馆，中献拓方抓住了这个机会，利用先进的数字印刷技术，使这批民国时期图书重现光彩，既完成了历史绝版书的拯救工作，同时也完善了部分图书馆的馆藏。

复制项目完成了，是不是意味着大功告成了？事实并不是这样。中献拓方的上级单位知识产权出版社管理层看出了其中的端倪。通过与高校联合会协商，从这一万多种民国图书中初选出 1500 种图书，通过文、史、哲博士组成的专家委员会审阅论证，最终选取了 300 种不涉及版权问题的原版图书，利用本公司数据代码化（OCR）技术，对原版图书重新编辑加工。通过无边扫描或者拆解和无损复原，将书籍内容采集出来，经过去脏纠偏，就可以进行数据的初加工了。通过扫描识别，分析出其中的各种有效数据，无论是简体、繁体还是常见外文，无论是化学式、数学式还是生物结构，都可以识别归类。

经过初加工后的数据，可以根据市场需求进行深加工。喜欢看电子书的用户，可以使用支持 EPUB、MOBI 等格式的阅读器查看经过处理的文件，喜欢原汁原味又怕看不清字或者不认识繁体字的用户可以阅读双层 PDF 文件，经过识别的信息别做成透明色对应在原书表面，既不影响原书的阅读，又可以随时检索数据内容。而对于图书馆、研究院等机构，需要馆藏书籍，这时数字印刷便派上用场了，我们利用这些资源印制了一套具有收藏价值和研究价值的套书，命名为《民国文存》系列丛书。小印量、多批次印刷，效果极佳，同时有效降低了库存。就这套书而言无论是缩印重排还是影印还原都可以制作，也可以按内容划分成不同的系列进行再版，这正是传统印刷的短版。数字印刷为绝版书带来了新的生命，以其现代化技术手段保存了数据，保证了绝版书不再绝版。

5.3　数字印刷对断版书的贡献

近年来互联网出版概念逐渐被读者认可，孔夫子网、搜书院便是采用按需出版理念打造的断版书销售平台，通过与出版社、作者及文化公司合作，获得大量图书印制及销售授权，这些图书资源是其他大型图书售卖网无法找到也并不是刚刚脱销的。只要需要人可以找到相关出版信息，即可通过这类网站拿到自己所需要的图书。

这些书不是畅销书，但并非没有价值和生命力。有了这样一个展示的机会，它就可以重现自身的价值，同时也产生了动销。这类书包括技术类、非物质文化遗产类、建筑文化研究类、少数民族语言研究类，不仅满足了读者的个性化需求，同时也拥有了第二次生命。

近年知识产权出版社部分成功案例：

（1）中国专利文献按需出版：随着我国科技发展和不断进步，专利申请量呈几何态势增长，专利文献品种数量特别巨大，而纸质文献需求急剧缩小，专利文献的印刷量早已由传统印刷改为数字印刷，而采用数字印刷方式出版纸载体专利公报和说明书后，既满足了用户个性化需求又扭转了采用传统印刷方式的巨额亏损。实现了定制化、网络化的专利文献印制服务。

（2）短版、断版图书的按需出版和印刷：知识产权出版社广泛宣传图书按需出版，与上百家图书馆、大学、研究机构建立了合作关系；接待了上千位作者；按需出版和恢复出版图书数千种。其中包括：《茅盾译文集》、于光远《我的四种消费品理论》、粟裕《战争回忆录》等书；《傈僳族语言文化研究》获得原创图书人文社科奖，为国家图书馆制作的《汶川县志》等古籍图书取得良好社会效益。

（3）与其它出版社合作开展按需出版：与数十家出版社建立长期合作关系，推动图书按需出版。为中国宇航出版社建立断版图书数据库（约150种），实现先销售，后印制，即需即印，满足读者对专业图书的需求。与大象出版社合作，制作大型套书《民国史料丛刊》，该丛刊每套有1127册，当时第一批订单只印100套，按成本估算，据出版部门测算，大概卖出65套就可以收回成本。在之后一年多的时间，这套书全部售罄，其中三分之一出口到国外。现在每年都会重印一二十套。该项目成为POD的经典之作。，

（4）图书馆馆藏补缺：试验性开展了图书馆馆藏补缺工作，包括水利水电类图书（3000多种）；防震减灾类图书（2000多种）；预防艾滋病类图书（500多种）；关于国家领导人的图书（600多种）等多个专题；

而这一切都是通过数字印刷技术手段来完成实现的，既可以将这些断版图

书原汁原味地复制，也可以经过代码化识别后重新排版再版。已故全国政协副主席王选院士曾经评价："对长期以来形成的断版图书开发传播，学术文化精品图书的快捷、按需出版是图书界长期以来的追求，是作者、读者梦寐以求的出版境界。"

5.4 数字印刷与网络文学

二十年前，文学与互联网"第一次亲密接触"，网络文学应运而生。随着移动互联的变革发展，网络文学以强化原创为核心，不断推进影视、游戏、动漫、音乐、周边等多种业态的衍生，极大地丰富了公众的精神文化需求。

据国家新闻出版广电总局数字出版司对当前市场规模较大、影响力较强的 45 家重点网站发展情况的统计，截至 2017 年 12 月，各网站原创作品总量高达 1646.7 万种，其中签约作品达 132.7 万种，年新增原创作品 233.6 万，年新增签约作品 22 万。出版纸质图书 6942 部，改编电影 1195 部，改编电视剧 1232 部，改编游戏 605 部，改编动漫 712 部。

网络文学已成长壮大为数字出版产业不可或缺的重要内容，二十年间涌现出了一批具有强大社会影响力的作品。网络文学书籍的出版随着《鬼吹灯》《盗墓笔记》等网络小说的风靡而大力发展，国家新闻出版广电总局和中国作家协会联合发布 2017 年优秀网络文学原创作品推介名单，《复兴之路》《草根石布衣》《糖婚》《华簪录》等 24 部作品入选。反映人民群众主体生活和当下人们精神心理的作品量多质升。如描写国企改革曲折历程的《复兴之路》，展现当下都市女性生活的《全职妈妈向前冲》，直面"80后"情感价值观的《糖婚》等。对于这种爆款书，其长尾效应更加明显，数字印刷对于网络文学不仅在于其补充库存的作用，更可依托于自助出版平台，在取得出版手续后便可将自己费尽心血写好的书按照自己喜欢的样子，小批量印刷了。

第六章　数字印刷与知识产权保护

6.1　印刷领域与知识产权保护

知识产权是关于人类在社会实践中通过智力劳动所形成的劳动成果所享有的财产权利。在我国知识产权主要包括著作权、专利权、商标权。随着人类科技进步与发展，知识产权所涉及的利益问题日益凸显，为了更好地保护知识产权人的利益，知识产权相关制度应运而生，并不断完善。

自 2008 年《国家知识产权战略纲要的通知》颁布后，随即部署了专利、商标、版权等七大专项任务，《2010 年中国保护知识产权行动计划》工作计划提出做好《著作权法》的修订工作；加快《民间文艺艺术作品著作权保护条例》的立法进程；支持和鼓励地方性版权立法工作，加快建立实施版权监管平台，提高版权管理和打击侵权盗版的主动性和有效性。加强著作权集体管理组织的监督管理，规范集体管理活动，建立规范透明、著作权人满意、作品使用者配合、广大消费者理解支持的著作权集体管理制度，促进作品的合法传播。

2016 年《中共中央国务院关于完善产权保护制度依法保护产权的意见》指明，加大知识产权侵权行为惩罚力度，提高知识产权法定赔偿上限，探索建立对专利权、著作权等知识产权侵权惩罚性赔偿制度"将故意侵犯知识产权行为情况纳入企业和个人信用记录"，从而加大对知识产权的保护力度。

6.2　数字印刷领域涉及知识产权相关问题

在制作印刷产品过程中，特别是出版物在制作过程中往往会产生一些疑问，很多问题涉及知识产权问题和行业法律法规问题。本节采用问答方式，解答一些常见问题。

问题一：对已经出版的图书进行改动再印刷是否侵权？

答：这种行为侵犯了原作者的改编权、保护作品完整权等著作权，直接构成侵权。如果是再次印刷并且形成盈利的，是需要承担法律责任的。《著作权法》第四十七条规定：歪曲篡改他人作品的应当根据情况承担停止侵害、消除影响、赔礼道歉、赔偿损失等民事责任。

问题二：采用数字印刷方式少量印刷正式出版物是否构成侵权？

答：此种行为如果仅仅印刷极少，且是自己使用并不对外流传，不构成侵权;如果是以营利为目的对外销售,则构成盗印图书,侵犯了著作权人的著作权,以及出版者的出版权。

问题三：印刷企业接受委托印刷出版物时必须注意什么？

答：印刷企业不得盗印出版物,不得销售、擅自加印或者接受第三人委托加印受委托印刷的出版物,不得将接受印刷的出版物的文件、印刷胶片出售、出租、出借或者以其他形式转让给其他单位和个人。

问题四：没有书号的书册，批量印刷都违法吗？

答：如果冒用其他出版社的名称或是假书号、过期书号印刷都属违法。如果没有书号且大量印刷公开发行销售也属违法行为。

问题五：批量印刷售卖手翻书是否侵权？

答：手翻书也是具有著作权的。首先如果手翻书是自己创作的,则不涉及他人著作权,如果有人先于本人发表,则要通过提供创作草稿和创作过程证明自己的著作权。但是印刷售卖是一定要由出版社正式出版,否则将构成违法。印刷数量需经与出版社协商一致方可按照合同执行。

问题六：自己印刷图书，不经出版社可以自行售卖吗？

答：不能。图书作为纸质传媒的重要组成部分,要上市发行必须由出版社来决定,如果内容符合国家相关规定,可以申请自费出书。如果受众面小,印量少也可以采用数字印刷方式,由出版社公开发行。合法出版物是要有版权页的,包括书名、书号、出版者、印刷者、定价、开本等相关版权信息的。

问题七：自己写的原创作品或网络小说，自己去印刷一些，还要经过出版社吗？

答：如果只是想做几本送人，可以采取数字印刷的方式，一本起印，总体费用比传统印刷更低廉合理，但是不能印刷价格、工本费等文字表述。如果大批量印刷且希望能够批量售卖，那一定要咨询出版社，走正规出版渠道，按照要求合法合规出版印刷销售。

问题八：印刷厂私自印刷书籍或者私人作品，不是用来销售是否违法？

答：如果是印刷他人没有发表过的作品，属于侵犯著作权，是违法行为。如果私自少量印刷已发表的作品，符合下列条件可以无偿使用。

《著作权法》第二十二条："在下列情况下使用作品，可以不经著作权人许可，不向其支付报酬，但应当指明作者姓名、作品名称，并且不得侵犯著作权人依照本法享有的其他权利。

（一）为个人学习、研究或者欣赏，使用他人已经发表的作品；

（二）为介绍、评论某一作品或者说明某一问题，在作品中适当引用他人已经发表的作品；

（三）为报道时事新闻，在报纸、期刊、广播电台、电视台等媒体中不可避免地再现或者引用已经发表的作品；

（四）报纸、期刊、广播电台、电视台等媒体刊登或者播放其他报纸、期刊、广播电台、电视台等媒体已经发表的关于政治、经济、宗教问题的时事性文章，但作者声明不许刊登、播放的除外；

（五）报纸、期刊、广播电台、电视台等媒体刊登或者播放在公众集会上发表的讲话，但作者声明不许刊登、播放的除外；

（六）为学校课堂教学或者科学研究，翻译或者少量复制已经发表的作品，供教学或者科研人员使用，但不得出版发行；

（七）国家机关为执行公务在合理范围内使用已经发表的作品；

（八）图书馆、档案馆、纪念馆、博物馆、美术馆等为陈列或者保存版本的需要，复制本馆收藏的作品；

（九）免费表演已经发表的作品，该表演未向公众收取费用，也未向表演者支付报酬；

（十）对设置或者陈列在室外公共场所的艺术作品进行临摹、绘画、摄影、录像；

（十一）将中国公民、法人或者其他组织已经发表的以汉语言文字创作的作品翻译成少数民族语言文字作品在国内出版发行；

（十二）将已经发表的作品改成盲文出版。"

问题九：未经出版社同意，作者私下加印本人书籍是否涉嫌违法？

答：这种情况不涉及侵权，但是违反了《印刷业管理条例》。正规印刷厂印刷图书时必须验证委托出版社开具的委印单后，按照委印单所列要求印刷，如果违规印刷则相当于盗版，所印图书相当于非法出版物。

问题十：网上看到一部自己喜欢的小说，自己下载印刷阅读收藏算侵权吗？

答：如下载后印刷的数量极少，且目的是收藏而且不是出于营利的目的，也不是在公共场合进行发表，这种情况不算侵权。

问题十一：未经允许把别人博客上的文章图片印刷成册送人是否侵权？

答：未经作者同意，将别人的文章、图片、小说等作品下载印刷的，如果是个人收藏阅读并不违法，但是如果大量印刷送人，虽然不是用于买卖，但是广泛传播出去，则视为构成著作权侵权，属于违法。

问题十二：作品的复制方式有哪些？

答：作品传播的重要手段之一就是复制。复制权也是作者及著作权人行使著作权的体现。《著作权法》第十条第（五）项规定：复制权，即以印刷、复印、拓印、录音、录像、翻录、翻拍等方式将作品制作一份或者多份的权利。开发软件中的文档代码也可以通过传统的复制手段加以实现。另外，在电脑中把程序软件复制到存储器中或其他可以外存读取的方式，形成的复制件均符合"再现原件内容"的特征，也属于复制。

问题十三：怎样界定非法出版物？

答：①盗用、假冒正式出版单位或者报纸、期刊名义出版的出版物；

②伪称根本不存在的出版单位或者报纸、期刊名称出版的出版物；

③盗印、盗制合法出版物而公开销售的；

④公开发行的不署名出版单位或署名非出版单位的出版物；

⑤承印者以牟利为目的擅自加印、加制的出版物；

⑥被明令解散的出版单位的成员擅自重印或以原单位名义出版的出版物；

⑦未经新闻出版行政部门批准的内部资料性出版物；

⑧买卖书（刊、版）号出版的出版物；

⑨擅自印刷或复制的境外出版物；

⑩非法进口的出版物。

问题十四：版权和著作权的区别？

答：版权是法律上规定的单位和个人对某项著作享有的出版印刷和销售的权利，任何单位和个人未经版权所有人的许可，均不可进行改编、复制或演出，否则就是对版权所有人的侵权。著作权是指文学、艺术、科学技术作品的原创人依法对其作品所享有的一种民事权利。

问题十五：数字印刷企业在承接印制商标时应注意什么？

答：企业在承接印制商标时，所需印制的商标，文件和印样应由委托人提供（认可）。同时委托人应具有所印商标标示的合法权利，且委托人所提供的商标属合法使用，所提供的证明文件真实有效。受委托人应按照委托人提供（认可）的商标标准进行印制。

问题十六：印刷何种作品可以不经著作权人许可，不向其支付报酬？

答：①印刷的目的是为个人学习研究或者欣赏而使用他人发表的作品的。

②为学校课堂教学或者科研人员使用，但不得出版发行。

③图书馆、档案馆、纪念馆、博物馆、美术馆等为陈列或者保存版本的需要，复制本馆的作品。

问题十七：图书脱销，出版社拒绝重印，作者可以自己印刷吗？

答：著作权法实施细则规定：作者（著作权人）寄给图书出版者两份订单，在六个月内未能得到履行，视为图书脱销。而《著作权法》第三十二条规定：图书脱销后，图书出版者拒绝重印再版的，著作权人有权终止合同。但作者可以建议出版社采取数字印刷的方式小批量印刷。数字印刷的特点就是可以做到一册起印，永不断版。

6.3　数字印刷与数字版权保护

近年来，国内数字出版领域发展迅猛，但是相关行业法律制度和环境明显滞后，政策法规的缺失和不完善，形成了数字出版产业的法律保护真空，特别是在互联网领域，涉及版权纠纷和内容低俗问题频繁出现，政府监管部门投入了很大精力，仍然难以杜绝。由于无法依靠法律手段寻求保护，企业的利益极易受到侵害，因而制约了整个产业的健康发展。目前除了依据《著作权法》和《信息网络传播权保护条例》对版权进行保护，我国数字版权保护方面并无专门立法。

数字印刷所涉及的版权问题，特别是通过数字印刷方式下载、复制、传播现象屡见不鲜。其主要原因分析有两方面：一是个别网民缺乏法律意识，不能尊重权利人的智力成果，同时大部分版权权利人也缺乏自我维权意识。因此加强数字版权普法宣传，构建版权保护环境体系，提高群众的版权保护意识是推动行业健康发展的基础。二是用任何数字化（包括数字印刷）方式进行传播都要由权利人直接授权且要符合国家有关规定。但往往出版社（或文化企业）作为内容提供者不愿意提供优秀内容和资源，不能积极参与到数字出版行业发展中，究其原因在于出版社取得资源时投入较大，在版权无法保护的情况下，版权所有者的利益无法保障。

因此，加强数字版权立法工作，构建数字版权保护法律体系，实现数字出版的法律保护，建立健全行业法律法规是可靠的根本保障。加强对数字内容版权保护的同时，还要加大打击盗版力度，加大对违法人员的处罚力度。通过立法和执法，极大提高盗版侵权的违法成本，建立规模性的数字网络版权服务平台，形成数字版权保护体系，做到线上登记、交易、监督、管理智能、透明、翔实，专业地服务于广大群众，促进数字版权规范健康地发展。

第七章　数字印刷未来发展趋势

7.1　数字印刷在未来行业内的位置

数字化虽然替代了不少实物印刷品，但在一些领域还很难完全替代，印刷品的需求会逐渐减少，但不会消失，逐渐变成一种艺术品甚至奢侈品存在，个性化、定制化的需求会越来越多，数字印刷产品在社会化过程中所显现的作用会越来越大。对于整个印刷行业而言，印刷品的需求方向在变，书籍印刷所占据主要比重逐渐降低，快速消费品领域的印刷物会越来越多，各种海报、请柬、相册、广告、装潢领域、标签领域，传统印刷也会大幅降低印刷成本与数字印刷抗衡，数字印刷在整个印刷行业中也会起到越来越重要的作用。

从中宣部国家新闻出版署提供的 2018 年全国新闻出版业基本情况进行分析。

2018 年，全国共出版图书、期刊、报纸、音像制品和电子出版物 465.27 亿册(份、盒、张),全国出版图书、期刊、报纸总印张为1937.18亿印张,与上年相比,降低4.14%(见表7-1、表7-2、表7-3)。

表 7-1　2018 年印刷品和电子出版物产量

类目	图书	期刊	报纸	音像制品	电子出版物
产量	100.09 亿册	22.92 亿册	337.26 亿份	2.41 亿盒	2.59 亿张
同比上年	↑ 8.28%	↓ 8.03%	↓ 6.96%	↓ 5.74%	↓ 7.99%
总量占比	21.51%	4.93%	72.49%	0.52%	0.56%

其中:

表 7-2　2018 年各类印刷品总量

类目	新版	重印	合计	总印数	总印张	总金额
书籍	225940 种	210111 种	436051 种	65.05 亿册	606.98 亿印张	1610.61 亿元
课本	21066 种	61796 种	82862 种	34.81 亿册	274.58 亿印张	386.88 亿元
图片	102 种	235 种	337 种	0.02 亿册	0.07 亿印张	0.36 亿元
附录	—	—	—	0.22 亿册	0.90 亿印张	5.06 亿元

在使用中国标准书号的 22 类出版物中:

表 7-3　2018 年使用中国标准书号的 22 类出版物印刷量

类目	新版	重印	总印数	总印张	总金额
马列主义、毛泽东思想类	603 种	371 种	2497 万册	439065 千印张	83652 万元
哲学类	6125 种	3958 种	7422 万册	1028966 千印张	339816 万元
社会科学总论类	3105 种	2665 种	3165 万册	502882 千印张	158991 万元
政治、法律类新版	13501 种	5471 种	29125 万册	3452304 千印张	865814 万元
军事类	885 种	503 种	866 万册	112537 千印张	34203 万元

续表

类目	新版	重印	总印数	总印张	总金额
经济类	19977 种	15251 种	18154 万册	2895630 千印张	845875 万元
文化、科学、教育、体育类	75381 种	134153 种	750758 万册	56752623 千印张	10340503 万元
语言、文字类	8114 种	13253 种	26190 万册	3560213 千印张	929488 万元
文学类	37079 种	21830 种	80024 万册	8422349 千印张	2490767 万元
艺术类	16969 种	11519 种	21586 万册	1829849 千印张	864349 万元
历史、地理类	13021 种	6423 种	13966 万册	1975162 千印张	755225 万元
自然科学总论类	441 种	379 种	511 万册	64206 千印张	26152 万元
数理科学、化学类	3061 种	6728 种	4689 万册	709824 千印张	175320 万元
天文学、地球科学类	2091 种	1131 种	1552 万册	166534 千印张	70745 万元
生物科学类	1992 种	1915 种	2248 万册	277103 千印张	102471 万元
医药、卫生类	13472 种	10101 种	11249 万册	2077548 千印张	638879 万元
农业科学类	3061 种	2294 种	1860 万册	200423 千印张	71120 万元
工业技术类	20451 种	28885 种	16561 万册	2907071 千印张	867565 万元
交通运输类	2692 种	3049 种	2256 万册	318260 千印张	104634 万元
航空、航天类	420 种	286 种	194 万册	24475 千印张	10903 万元
环境科学类	1636 种	925 种	1155 万册	144200 千印张	48042 万元
综合性图书类	2929 种	817 种	2565 万册	294782 千印张	150374 万元

截至 2018 年年底，全国共有出版社 585 家（包括副牌社 24 家），其中中央级出版社 219 家（包括副牌社 13 家），地方出版社 366 家（包括副牌社 11 家）。

电子出版物出版情况。

2018 年，全国共出版电子出版物 8403 种、25884.21 万张。与上年相比，品种降低 9.06%，数量降低 7.99%（见表 7-4）。

表 7-4 2018 年光盘制作总量

类目	只读光盘	高密度只读光盘	交互式光盘（CD-I）及其他载体
新版种类	1755 种	21066 种	102 种
新版数量	5058.84 万张	61796 种	235 种
再版种类	3554 种	82862 种	337 种
再版数量	17432.65 万张	34.81 亿册	0.02 亿册
合计种类	5309 种	274.58 亿印张	0.07 亿印张
合计数量	22491.49 万张	386.88 亿元	0.36 亿元

2018 年印刷复制（包括出版物印刷、包装装潢印刷、其他印刷品印刷、专项印刷、印刷物资供销和复制）总体情况（见表 7-5）。

表 7-5 2018 年印刷复制总体情况

类目	营业收入（亿元）	同比上年	利润总额（亿元）	同比上年
全年	13727.56	↑ 4.34%	835.23	↓ 1.74%
出版物印刷	1711.51	↑ 2.46%	110.12	↓ 6.35%
包装装潢印刷	10686.45	↑ 5.05%	637.09	↓ 0.16%
其他印刷品	1120.75	↑ 2.29%	87.95	↓ 5.63%

1. 单位数量与从业人员情况（含专项印刷）

2018 年，全国出版物印刷企业（含专项印刷）共有 8923 家，与上年相比增长 1.94%；职工年末平均人数 42.98 万人，与上年相比降低 4.85%。

2. 2018 年，出版物印刷企业产量与用纸量（含专项印刷）

（1）图书、报纸、期刊及其他印刷品黑白印刷产量 27760.33 万令，彩色印刷产量 116387.94 万对开色令。与上年同口径相比，黑白印刷产量和彩色印刷产量均基本持平。

（2）装订产量 33357.92 万令，较 2017 年同口径增长 4.66%。

（3）印刷用纸量（包含平版纸和卷筒纸）55951.23 万令，与 2017 年同口径相比，基本持平。

3. 2018 年，出版物发行网点与从业人员情况

全国新华书店系统与出版社自办发行网点从业人员 12.59 万人，与上年相比降低 4.95%（见表 7-6）。

表 7-6　2018 年，出版物发行网点与从业人员情况

发行网点分类	发行网点数量	同比上年
全国出版物发行网点	171547 处	↑ 5.37%
新华书店及其发行网点	9591 处	↓ 0.44%
出版社自办发行网点	398 处	↓ 8.92%
邮政系统发行网点	41146 处	—
其他批发网点	13611 处	—
集个体零售网点	106791 处	—

4. 2018 年，出版物销售情况及库存情况（见表 7-7）

表 7-7　2018 年，出版物销售情况及库存情况

新华书店发行数据	全国新华书店系统、出版社自办发行单位出版物总销售	新华书店系统销售	全国新华书店系统、出版社自办发行单位年末库存
数量	217.08 亿册	145.24 亿册	69.06 亿册
金额	3213.37 亿元	1708.78 亿元	1375.40 亿元
同比上年数量	↑ 2.54%	↑ 1.61%	↑ 9.69%
同比上年金额	↑ 9.78%	↑ 4.91%	↑ 12.07%

5. 2018 年版权管理与版权贸易方面：共引进版权 16829 项，输出版权 12778 项（见表 7-8 至表 7-13）。

表 7-8　受理、查处案例

查处对象	受理、查处数量
全国一共检查经营单位	522135 家
取缔违法经营单位	2361 家
查获地下窝点	203 个
行政处罚	3033 起
移送司法机关案件	203 件

表 7-9　收缴盗版品

收缴种类	收缴数量
共收缴各类盗版品	744.01 万件
盗版书刊	493.79 万册
盗版音像制品	119.52 万盒（张）
盗版电子出版物	19.70 万张
盗版软件	24.10 万张
其他各类盗版品	86.90 万件

表 7-10　版权合同登记

全国版权合同登记	20339 份		
图书	16600 份	电子出版物	420 份
期刊	85 份	软件	1045 份
音像制品	1877 份	其他	312 份

表 7-11　作品自愿登记

全国作品自愿登记	2458995 份		
文字作品	291489 份	口述作品	282 份
音乐作品	35119 份	曲艺	382 份
舞蹈	175 份	杂技	49 份
美术作品	1019601 份	摄影作品	961561 份
建筑	320 份	影视	71746 份
设计图	12423 份	地图	735 份
模型	346 份	其他	64767 份

6. 版权贸易

表 7-12　2018 年版权引进及版权输出总体情况

分类	全国	图书	录音制品	录像制品	电子出版物
引进版权	16829 项	16071 项	125 项	192 项	214 项
输出版权	12778 项	10873 项	214 项	—	743 项

表 7-13　2018 年版权引进及版权输出具体情况

国家或地区	版权引进地	出版物引进	版权输出地
美国	5047 项	4833 项	1228 项
英国	3496 项	3317 项	533 项
德国	881 项	844 项	507 项
法国	1024 项	970 项	286 项
俄罗斯	83 项	78 项	477 项
加拿大	127 项	117 项	226 项
新加坡	228 项	222 项	430 项
日本	2075 项	1993 项	424 项

续表

国家或地区	版权引进地	出版物引进	版权输出地
韩国	124 项	120 项	587 项
中国香港	266 项	236 项	805 项
中国澳门	1 项	1 项	67 项
中国台湾	824 项	798 项	1552 项
其他地区	2653 项	2542 项	5656 项

电子出版物的增长很快，虽然在出版物市场中占比仍旧很低，但是不可小觑。报纸、期刊、音像制品等都有所下降。说明提供实时信息的印刷品正在被互联网信息所取代。

图书品种增长率高于总印张增长率，品种增加，印数在减少，而图书的长尾效应更是数字印刷的优势所在，重版、重印增长 10.28%，使得一些畅销书或断版书补充市场需求的任务落在了数字印刷企业身上。

课本相关数量的下降，一部分与入学人员数量有关，更与数字化教学有关，使得课本的需求量逐步减少。另外定价总体在上升，很大一部分受制于纸张成本的压力。

大批量印刷品的种类会逐渐减少，小批量，零库存，虚拟库存会逐渐占据主导地位，使得数字印刷在整个行业中的地位逐步提高。

7.2　数字印刷与数字出版的结合

目前国内很多出版社都在进行数字出版与数字印刷结合的行动，数字印刷是数字出版的有益补充，数字出版在声光电方面做得异常出色，依托互联网，还可以进行在线互动，VR/AR 体验，使用户可以身临其境，使得一些原本由文字和图片组成的晦涩的原理结构，变成了三维可以互动的结构，便于理解和学习。

将数字印刷与数字出版相结合，使得编者可以更加方便地修改出版物印刷品的内容，如各大学不同专业的专业课教材，通常每个系（学院）招收数十名至几百名学生，当然也有仅招收 1 名学生的专业，那么每学期教材的细微变化，编者可以在下次印刷前修改而无须浪费大量已经印刷的书籍，因为按照学生数量定制的书籍，库存量几乎为零。

数字出版还可以灵活地变换印刷品的出版内容和方式，如这几年比较热的微信照片相册印刷服务，将微信朋友圈的照片经过相册模板排版后打印装订成册。还有图书咖啡机，可以在咖啡机旁边的人机界面上，选择自己喜欢的书，确定付费后，只需要一杯咖啡的时间，书便装订成册，从机器里推出来。同时按照出版社（商）、印刷店、作者的比例分成，将费用分别转到对应的账户。

7.3　数字印刷设备发展前景

数字印刷设备的发展，主要朝高速化、高质量、大幅面、低（零）污染、低能耗、智能化发展，使得数字印刷逐渐替代传统印刷。Bowker（美国书目信息服务商）统计数字显示，2009 年数据显示，美国数字印刷的总数目首次超过传统印刷的数字种类。专业类图书和自费出版占了绝大多数。

近年来，数字印刷应用的不断扩大，我们的生活用品、建筑材料、仿真复制、文创产品已经离不开数字印刷，承载这些产品的数字印刷设备发展更是日新月异，不同的领域都能有非常适合的设备。如出版行业高速喷墨设备大量装机，很多传统印刷厂利用数字印刷设备进入转型轨道，实现了绿色环保梦；高品质的微喷等中小型设备不断开发出新的应用，文创产品、高仿复制品以更平民的价格走入百姓之家，满足了他们对传统文化的基本需求。如现在与我们息息相关的扫码支付，每个收银台、每个摊位、每个加油站都可以看到付款二维码，这些条码完全不一样，使用的各种材质全部要依靠数字印刷设备来实现印刷。数字印刷现在已经不断渗透到各行各业，各种个性化产品层出不穷，连续两年印刷创新大会的召开，为这些创新产品提供了更专门的展示空间。

数字印刷设备逐渐细分，目前激光静电数字印刷设备已经达到 2400 dpi，而印刷速度可以达到 100 张 A4 以上，打印的照片书已与传统印刷难分伯仲。近年高速喷墨生产线打印精度不断提升，印刷图书的品质已被大多数出版社认可，目前数据显示，印刷精度在 1200 dpi 时连续纸喷墨设备印刷速度可以达到 250 m/min。

数字设备的细分还体现在规模化生产上。美国闪电公司采用数字印刷方式把不同内容、不同开本、不同纸张通过不同生产线印刷装订，这就是最专业的设备细分，当然这要基于一定的规模化生产。

7.4 数字印刷与出版业用纸

供给侧改革和产能集中，造纸行业主动权加大，纸厂持续不断地大幅拉高纸价，2018 年原纸产业的涨价风潮仍居高不下。纸业巨头连续发出涨价函，市场涨声一片。而从政策层面上看，供给侧改革将持续进行，国家将维持积极稳健的货币政策，以国企为主的上游原材料企业负债进一步加大，使得对于纸张用量的控制得到重视。出版行业利用数字印刷设备依据市场需求，利用按需印刷方式，有效地降低了纸张使用量和图书库存，实现绿色环保出版模式，使其在经济建设、政治建设、文化建设、社会建设、生态文明建设发挥重要作用，随着数字技术和尖端科技的应用，数字印刷设备必然会前景广阔，越做越好。

第八章 结 语

原国家新闻出版广电总局印发的《印刷业"十三五"时期发展规划》（以下简称《规划》）明确，到"十三五"期末，绿色印刷产值占印刷总产值的比重超过 25%，数字印刷的年复合增长率超过 30%。

《规划》明确提出了"动力逐步转换"的发展目标："十三五"期间，印刷业绿色化、数字化、智能化、融合化水平显著提高，并成为新的增长引擎。到"十三五"期末，绿色印刷产值占印刷总产值的比重超过 25%，数字印刷的年复合增长率超过 30%，智能印刷逐步推广，培育建设一批国家级创新研发中心。《规划》布局了 8 项重点任务，包括加快实现创新驱动，打造发展新引擎；坚持绿色发展道路，增强绿色印刷实效；推动数字网络化发展，提升智能化水平；引导扩大产业生态圈，延伸跨界融合领域；提升示范特色影响力，促进辐射引领发展；提升产业国际竞争力，加快走出去步伐；加强产业标准化建设，完善质量管理机制；完善监管服务机制，维护有序的竞争环境。

新闻出版广播影视"十三五"发展规划中指出，力争到2020年，全国省级以上广播电视台基本建立"融合云"平台，地市级以上广播电视基本实现高清化，县级广播电视实现数字化网络化。着眼于新闻出版数字化转型升级，继续推动出版单位数字化改造和技术升级，全面提升数字化管理、生产、传播、服务能力。加快推进数字印刷、智慧印厂发展。

积极培育绿色印刷消费市场，鼓励引导印刷企业实施绿色印刷，支持绿色印刷产业示范项目；扩大绿色印刷产品范围和绿色印刷市场，完善绿色印刷系列标准；提高绿色印刷质量监督检测能力，加快建设绿色印刷质检实验室；不断提高绿色印刷产能在印刷业中的比重。继续支持珠三角、长三角和京津冀等绿色印刷复制产业带建设，实施振兴东北印刷产业计划和促进中西部印刷产业开发与崛起工程。

加强版权保护体系建设。大力推进互联网环境下的版权治理与流通体系建设，坚持先授权后使用、先授权后传播原则，完善原创作品版权保护和有偿使用制度，建设与完善国家版权监管与服务平台。加大网络版权监管，重点打击各种利用新技术手段侵权盗版的行为。推进建立软件正版化长效机制，实行适合我国发展国情的著作权保护制度，维护著作权人的合法权益，营造公平、开放、透明的版权产业环境

数字印刷机遇与挑战并存，只有抓住机遇，勇于挑战，才能使数字印刷发展壮大，使之成为社会发展中不可或缺的重要补充力量。

致　谢

感谢下列企业对本书所需素材提供的帮助！

参考文献

[1] 国家新闻出版广电总局 . 新闻出版广播影视"十三五"发展规划 [EB/OL].
    [2020-01-01]. https://xueshu.baidu.com/usercenter/paper/showpaperid=1a5x02a0f
    63n0m20j65j0aa06j070063&site=xueshu_se.

[2] 文化产业振兴规划 [EB/OL]. [2009-09-26]. http://www.gov.cn/jrzg/2009-09/26/
    content_1427394.htm.

[3] 文化部文化产业司 . 文化部关于对政协十二届全国委员会第五次会议第 2804
    号（文化宣传类 192 号）提案答复的函 [EB/OL]. [2020-01-01]. http://zwgk.
    mct.gov.cn/auto255/201711/t20171103_693506.html?keywords=.

[4] 文化部文化产业司 . 文化部关于对十二届全国人大五次会议第 7390 号建
    议 的 答 复 [EB/OL]. [2009-09-26]. http://zwgk.mct.gov.cn/auto255/201711/
    t20171106_693538.html?keywords=.

[5] 国家新闻出版广电总局 . 印刷业"十三五"时期发展规划 [EB/OL]. [2020-
    01-01]. http://www.chinaprint.org.cn/h-nd-586.html.